上海师范大学教师教育改革项目：师范专业基础课建设（B-6001-11-001180）

上海师范大学校级项目：职前教师基于行为的诊断式体验性课程的开发和应用（SK201307）

学生在数学学习中对无限的认识探究

张伟平 ◎ 著

光明日报出版社

图书在版编目（CIP）数据

学生在数学学习中对无限的认识探究 / 张伟平著.
-- 北京：光明日报出版社，2013.12（2021.8 重印）

ISBN 978－7－5112－5618－8

Ⅰ.①学… Ⅱ.①张… Ⅲ.①数学教学—教学研究 Ⅳ.①O1

中国版本图书馆 CIP 数据核字（2013）第 283141 号

学生在数学学习中对无限的认识探究
XUESHENG ZAI SHUXUE XUEXIZHONG DUI WUXIAN DE RENSHI TANJIU

著　　者：张伟平	
责任编辑：曹美娜	责任校对：张明明
封面设计：范晓辉	责任印制：曹　净

出版发行：光明日报出版社
地　　址：北京市西城区永安路 106 号，100050
电　　话：010－63169890（咨询），010－63131930（邮购）
传　　真：010－63131930
网　　址：http://book.gmw.cn
E － mail：gmcbs@gmw.cn
法律顾问：北京德恒律师事务所龚柳方律师
印　　刷：三河市华东印刷有限公司
装　　订：三河市华东印刷有限公司
本书如有破损、缺页、装订错误，请与本社联系调换

开　　本：170mm×240mm			
字　　数：222 千字		印　　张：14.5	
版　　次：2013 年 12 月第 1 版		印　　次：2021 年 8 月第 2 次印刷	
书　　号：ISBN 978－7－5112－5618－8			
定　　价：49.00 元			

自 序

继PISA2009测试中上海学生首次夺冠后,2013年再传强音:PISA2012测试中上海学生再次问鼎。众所周知,PISA测试主要考察学生的三大素养:阅读素养、数学素养和科学素养。2012ＰＩＳＡ测试以数学为主测,单看数学科目,上海学生要比排名第二的新加坡(５７３分)足足高出４０分,优势明显。用遥遥领先来形容上海学生的数学素养并不为过(张民选,2014)。本书恰是以上海学生为样本,从学生在数学学习中对无限认识的视角来研究学生数学素养,本书的出版可谓是应运而生。

事实上,重视科学教育在国际上已蔚然成风。2009年美国《复苏与再投资法案》(American Recovery and Reinvestment Act of 2009)的"力争上游"教育拨款计划中,奥巴马政府就明确将STEM教育作为重要指标。STEM教育是指以科学、技术、工程和数学(Science, Technology, Engineering, Mathematics)为主要对象的教育活动。时至今日,美国STEM教育已经发展成教育管理部门、教育研究者、中小学师生、教育实体机构等共同参与协作的立体、全方位的教育共同体模式。也许借PISA测试之东风和国际潮流,我国数学教育研究也会迎来新的明媚春天。

正如ＰＩＳＡ测试评估的理念是考察学生运用知识和技能解决实际问题的能力,而不是考查纯学科的知识和技能,本研究也聚焦于学生数学无限认知能力。本书参考国内外相关研究,综合数学哲学、数学发展史、认识论三个视角,将学生对数学无限的认识划分为5大层级,八大层次的金字塔结构:朴素认识、直觉层次(初步直觉层次、高级直觉层次)、思辨方式(潜无限方式、实无限方式)、演绎层次(无穷小分析层次、严密系统层次)、超限数理论。在此基础上系统地精心编撰了数学无限认识量表,并利用量表采用大样本(524人)实地调查了上海小学一年级、初二学生、高三学生、大二学生的无限认识现状,针对现状分析了个中原因。大样本调查所得结论可供教学研究的二次素材,为教学决策提供参考和借鉴。本研究对无限认识梳理得层次分明,学生调查研究年龄跨度大,能使各个年龄层次读者对数学的认识转换思维视角,有清新明朗之感。

本研究为科学教育提供了实践操作性很强的"数学无限认识量表",用来检测学生的貌似与数学考试无关的无限认识等级,但实实在在地与学生的数学素养相关联。尤其是在大学教育跨入"大众化"时代,越来越多的学生需要接触高等数学,或作研究,或当作工具,而高等数学恰是以无限集合为研究对象的。让数学面目更亲和些,让学生多懂一点与考试无关的数学素养,乃是数学教育工作者的心愿。

PISA测试使得世界的眼光投向了中国,对中国的数学教育加以总结和提炼,乃是时代之造势。本书恰似中国数学教育研究的一朵浪花,以飨读者。

张伟平

2014年5月26日于上师大

前 言

数学是无限的科学，数学无限是推动数学发展的重要动力，但无限隐藏在相关数学概念中，中学对数学无限一般避而不谈。中学数学大纲没有明确提出学生对"无限"的认识目标。特别是学生对极限概念理解困难，极限概念成为学生学习微积分的"拦路虎"。鉴于此，笔者分层次考察学生对无限的认识，主要从以下两方面着手：

线索一：学生对无限诸层次的认识状况

（1）初三、高三和大二学生实际达到的无限水平如何？影响学生诸层次无限认识的本质因素是什么？

（2）在给出的每一层次的标准尺度的基础上，学生表现出怎样的较稳定的认知方式？容易出现哪些错误的心理模式？

线索二：学生对相关数学无限概念的理解

（1）学生如何认识数学概念中的无限？表现出哪些比较稳定的认知方式？

（2）学生认识数学概念中的无限过程中容易出现哪些错误心理模式？

首先，笔者界定了本文研究的无限。学生学习的数学中没有直接给出无限的定义，也不可能直接给出定义。无限包含于具体的数学概念中。有的以显性方式呈现，如自然数、平行线；有的隐含于数学概念中，如函数单调性、交换律；有的存在于某一特定对象的无限过程中，比如函数极限、从集合出发的超限数理论。本文研究的无限是具体数学概念中包含的无限。

接着，从数学哲学、数学发展史、认识论三个角度出发，笔者将学生对无限的认识划分为5大层级，八大层次的金字塔结构。

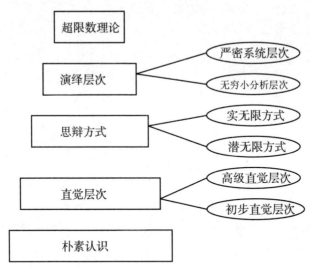

笔者界定了每一层次的涵义，分析了各个层次之间的关系，并根据文献资料，精心编制了无限认识量表，在此基础上对学生的无限认识展开了研究。

笔者以Spiro（1991）提出的个体学习的认知弹性理论，美国数学教育学家Ed Dubinsky的APOS理论为依据，运用潜、实无限辩证分析法、无限–有限辩证分析等方法，对学生的无限认识进行分析。

笔者选取了小学、初中、高中、大学二年级共计500多学生作为实证研究的样本，作了问卷测试，并分别从每一年级各选出8名学生共计24名学生作为个案研究对象，对学生的个别访谈作了全程录像或录音。还对初三年级、高中、大二年级的部分教师作了访谈。获取了第一手数据资料后，用SPSS统计软件对数据进行统计分析。横向比较了同一年龄的不同学生的理解层次。通过个案访谈，笔者从数学无限的理解、数学思维、学生心理方面，分析了学生的无限认识状况，纵向比较了不同年龄学生的无限认识状况，分析了学生无限认识的心理倾向，得到了以下结论：

1. 从初三到高三学生无限认识的总体发展趋势

高中阶段是学生无限水平蓬勃发展的阶段，具体表现为从初三到高三，学生的无限直觉水平、无限思辩能力显著提高，但到大二，这两方面并无显著差异。高三学生的无限直觉水平、无限思辩能力具有一定的稳定性。

2. 学生对无限本质的认识

(1) "无穷大"的抽象化认识是具备初步直觉认识的重要标志

(2) "整体认知"是影响高级直觉认知的重要因素

(3) "动态分析"是演绎层次的重要标志

(4) 理解极限定义中的"有分界"的无限是关键

3. 学生对数学无限概念的认识

(1) 大二学生对连续、导数、定积分中的"无限逼近"思想认识不足

(2) 影响学生理解定义的原因分析

4. 学生无限认识的心理倾向

(1) 生活经验在一定程度上阻碍学生对数学无穷大的认识

(2) 高三学生的无限思辩的心理倾向性特点

(3) 大二学生对"一一对应"和超限数的认识倾向

在以上结论的基础上,对数学教学提出了建设性意见和建议:

1. 在教学中注重学生无限观的培养

(1) 在教学中抓住无限认识的开端

(2) 启发学生整体认知数学概念

(3) 教学中有意识采取有利于学生无限思辩的教学方法

(4) 注重对极限概念的动态分析

(5) 教学中注重对定义中的"有分界"的无限的诠释

(6) 关于超限数理论的教学

2. 注重提高中学教师的数学无限素养

3. 对教材体系安排的一点建议

4. 建议在数学课标中体现无限观培养的具体要求

(1) 明确提出无限观培养目标

(2) 建议在中学数学课程标准中增加无限观培养的一个实例

5. 对教学评价的建议

目 录
CONTENTS

第一章 导论 …………………………………………………… 1

1.1 问题提出的背景 1

  1.1.1 数学无限的认识发展一瞥 2

  1.1.2 对数学无限的认识窘状 6

1.2 研究的问题 6

  1.2.1 研究的线索一:学生对无限的诸层次的认识状况和影响因素 6

  1.2.2 研究的线索二:学生对相关数学无限概念的理解 7

1.3 本研究的意义 7

1.4 本书的结构 8

第二章 文献述评和研究思想框架的形成 …………………………………… 10

2.1 关于无限的界定 10

  2.1.1 关于哲学上的无限的界定 10

  2.1.2 关于数学哲学上的无限界定 11

  2.1.3 本书所研究的数学无限的界定 11

2.2 无限思辩的两个观点 12

  2.2.1 哲学意义上的潜无限和实无限 12

2.2.2 数学上的潜、实无限观的认识发展一瞥 14
2.2.3 数学上的三大流派对无限的不同观点 16
2.2.4 小结 18
2.3 对无限认识的研究综述 18
2.3.1 对个体实无限的认识研究 18
2.3.2 关于无限的隐喻(metaphor)研究 20
2.3.3 关于无限认识的分类研究 21
2.4 研究思想架构的形成 22
2.4.1 学习的认知弹性理论 22
2.4.2 数学概念学习的 APOS 理论 24
2.4.3 无限认识层次划分的依据 26
2.4.4 层次划分 30
2.4.5 无限认识量表使用说明 33

第三章 研究的设计与方法 ……………………………… 34

3.1 总体和样本 34
3.1.1 学校 34
3.1.2 学生和教师 35
3.2 研究工具 36
3.2.1 问卷调查表 36
3.2.2 访谈 37
3.2.3 工具的试验 38
3.3 研究的具体问题 38
3.3.1 线索一的具体研究问题 38
3.3.2 线索二的具体研究问题 38
3.4 数据收集,处理与分析 39
3.4.1 数据收集与评分 39
3.4.2 数据的处理与分析 39
3.5 研究的优点和局限性 40

第四章 研究结果(一):朴素认识 ············ 41

- 4.1 朴素认识是学生认识无限的开端 41
- 4.2 朴素认识的标准尺度 43
- 4.3 研究结果一:初三学生对无限的朴素认识 45
  - 4.3.1 初三学生对无限的朴素认识的普遍状况 45
  - 4.3.2 初三学生朴素认识的心理模式特点 45
- 4.4 研究结果二:初三学生和高三学生的朴素认识没有显著性差异 49
- 4.5 小结 50
  - 4.5.1 生活经验在一定程度上阻碍学生对数学无穷大的认识 50
  - 4.5.2 高三学生和初三学生的朴素认识没有显著性差异 51
  - 4.5.3 教学启示和建议 51

第五章 研究结果(二):直觉认知 ············ 53

- 5.1 初级直觉认知和高级直觉认知的内涵 54
- 5.2 直觉认知的标准尺度 55
- 5.3 研究结果一:初三学生的初级直觉认知 57
  - 5.3.1 初三学生的初级直觉认知的大体得分状况分析 57
  - 5.3.2 初三学生容易出现无限直觉的经验化心理趋向 58
  - 5.3.3 初三学生直觉认知水平与数学成绩的相关性 61
- 5.4 研究结果二:高三学生的高级直觉认知 63
  - 5.4.1 高三学生高级直觉认知现状分析 63
  - 5.4.2 实证研究 63
- 5.5 研究结果三:学生直觉认知的年龄阶段性 65
  - 5.5.1 小学生的无限直觉认识 65
  - 5.5.2 初中生与高中生初步直觉认识比较 66
  - 5.5.3 高三学生和大二学生高级直觉认识比较 68
- 5.6 研究结果四:学生对涉及无限的数学概念的直觉认知 70
  - 5.6.1 初三学生对平行线的理解 70
  - 5.6.2 高三学生对单调性的实无限认知 77

5.6.3 小结 86

5.7 教师的无限直觉认知的一点调查 87

5.8 小结 89

    5.8.1 "无穷大"的抽象化认识是具备初步直觉认识的重要标志 89

    5.8.2 "整体认知"是影响高级直觉认知的重要因素 90

    5.8.3 教学启示和建议 90

第六章 研究结果（三）：无限思辩方式 …………………… 92

6.1 无限思辩方式的内在矛盾性 92

    6.1.1 无限思辩方式内在矛盾性内涵 92

    6.1.2 无限思辩方式的三维结构 93

6.2 思辩方式的标准尺度 94

6.3 高三学生的无限思辩特点分析 98

    6.3.1 现状分析 98

    6.3.2 高三学生的无限思辩特点 99

    6.3.3 个案对比研究分析 103

    6.3.4 思辩方式得分和学生的数学成绩的相关性 105

6.4 高三学生无限思辩能力的稳定性 106

    6.4.1 高三和初三学生思辩能力比较 106

    6.4.2 高三学生与大二学生思辩能力比较 107

6.5 小结 109

    6.5.1 高三学生的无限思辩方式特点 109

    6.5.2 高三学生无限思辩能力具有稳定性 109

    6.5.3 教学启示和建议 109

    6.5.4 初三、高三学生无限认识水平的简要概括 111

第七章 研究结果（四）：演绎层次 …………………… 112

7.1 演绎层次的内涵 112

    7.1.1 极限和无限的关系 113

  7.1.2 极限的思想内涵 113
  7.1.3 语言的本质 115
7.2 演绎层次的标准尺度 116
  7.2.1 无穷小分析(极限)的标准尺度 116
  7.2.2 严密系统层次的标准尺度 116
7.3 研究结果一：大二学生对演绎层次的理解 116
  7.3.1 大二学生对演绎层次的总体得分状况 116
  7.3.2 大二学生对极限的思想内涵的理解 117
  7.3.3 大二学生对语言的理解 120
  7.3.4 大一学生对定义中包含的"有分界"的无限的理解 130
7.4 研究结果二：大二学生对涉及极限的数学概念的定义的理解 134
  7.4.1 微积分总体无限逼近思想的几何直观——以直代曲 134
  7.4.2 大二学生对连续、可导、可积的极限思想的理解 136
7.5 对高校数学教授定义的理解的一点调查 139
7.6 替代定义的某些尝试 141
  7.6.1 张景中院士的"不等式法"的思想 142
  7.6.2 张景中院士的"不等式法"的意义 142
7.7 小结 143
  7.7.1 "动态分析"是演绎层次的重要标志 143
  7.7.2 理解极限的定义中的"有分界"的无限是关键 143
  7.7.3 阻碍学生理解定义的主要因素 143
  7.7.4 大二学生对连续、导数、定积分中的"无限逼近"思想
     认识不足 144
  7.7.5 教学启示和建议 144

第八章 研究结果(五)：超限数理论初步认识 145

8.1 超限数理论的内涵 145
  8.1.1 Cantor发明超限数理论一瞥 146
  8.1.2 Cantor的超限数理论是实无限理论 147

8.2 超限数理论初步思想的标准尺度 148

8.3 研究结果一:大二学生对无限集合"一一对应"的理解 150
    8.3.1 学生对"不同长度线段的点数相同"的理解 150
    8.3.2 实证研究 154

8.4 研究结果二:大二学生对超限数运算的理解 159
    8.4.1 超限数运算的涵义 159
    8.4.2 实证研究 160

8.5 研究结果三:"芝诺悖论"解释—极限和超限数理论的共同应用 162
    8.5.1 关于"芝诺悖论"的解释 162
    8.5.2 学生对"芝诺悖论"的认识状况调查 165

8.6 小结 167
    8.6.1 大二学生对"一一对应"理解倾向 167
    8.6.2 大二学生对超限数的认识倾向 167
    8.6.3 教学启示和建议 167

第九章 结论、建议和反思 168

9.1 从初三到高三学生无限认识的总体发展趋势 168

9.2 学生对无限本质的认识 169
    9.2.1 "无穷大"的抽象化认识是具备初步直觉认识的重要标志 169
    9.2.2 "整体认知"是影响高级直觉认知的重要因素 169
    9.2.3 "动态分析"是演绎层次的重要标志 170
    9.2.4 理解极限的 $\varepsilon-\delta$ 定义中的"有分界"的无限是关键 170

9.3 学生对数学极限概念的认识 170
    9.3.1 大二学生对连续、导数、定积分中的"无限逼近"思想认识不足 170
    9.3.2 阻碍学生理解 $\varepsilon-\delta$ 定义的主要因素 171

9.4 学生无限认识的心理倾向 171
    9.4.1 生活经验在一定程度上阻碍学生对数学无穷大的认识 171

9.4.2 高三学生的无限思辩的心理倾向性　172
9.4.3 大二学生对"一一对应"和超限数的认识倾向　172

9.5 教学建议　173
9.5.1 在教学中注重学生无限观的培养　173
9.5.2 注重提高中学教师的数学无限素养　176
9.5.3 对教材体系安排的一点建议　176
9.5.4 建议在数学课标中体现无限观培养的具体要求　177
9.5.5 对教学评价的建议　180

9.6 本研究的不足和进一步研究的方向　180
9.6.1 本研究的不足　180
9.6.2 进一步研究的方向　181

参考文献 ·· 182

附录一　初三学生无限认识量表 ································ 191

附录二　大一新生(高三学生)无限认识量表 ··············· 197

附录三　大二学生无限认识量表 ································ 203

附录四　实数与实数集合中无限的魅力 ······················ 210

后　记 ·· 213

第一章

导论

1.1 问题提出的背景

无穷大！任何一个其他问题都不曾如此深刻地影响人类的精神；任何一个其他观点都不曾如此有效地激励人类的智力；然而，没有任何概念比无穷大更需要澄清……

——Hilbert（1862~1943）

数学是无限的科学（Howell）

根据我的理解，人类的不幸来自于他的伟大；因为他的心中有一个无穷大，人类借助于他所有的技巧，也无法把它埋藏在有限之中。

——TomasKalire（1795~1881）

Kant 甚至认为，时间和空间无限本身并不存在，只是人为构造的性质，是经过人脑努力而存在于人脑外部世界。

很多领域都提到了无限。绘画家 Escher 在他的绘画里画出了无穷大，而没有别的艺术家曾这样做。在文学中，无限是一种意境。"孤帆远影碧空尽"，"无边落木萧萧下"，是一种心境的抒发。最能直接反映古人无限的诗句，则是初唐诗人陈子昂的诗：

"前不见古人，后不见来者；

念天地之悠悠，独怆然而涕下。"

诗人描写了时间两端"茫茫均不见"的感受，并对天地间张开的悠悠宇宙寄以无限的遐想。

自然科学里，也要涉及无限。例如，"物质可以无限分割成分子、原子、粒子……，可以无穷尽地分割下去。"化合物的种类，生物的进化，都是无限的过程。不过，这里涉及的无限，不过是一种信念，类似于哲学上关于"宇宙是无限"的学说。Bruno为此付出了生命。然而，现代宇宙物理学的研究表明，宇宙有一个起点，时间也有一个起点。他们面对的是有限的宇宙。

其他人只是描绘无穷大，只有数学是正面研究无限，并将它付诸实施。（例如地图的设计等）。"在Montessori式的学校或幼儿园里，儿童到了某一个阶段时，教师就让他们在长纸条上写数：1，2，3，…10，11…. 有一个小女孩专心致志地埋头于这一活动。当她写到1024时，不肯再写下去了，而说，就这样继续下去。这就是对无限的认识，这是很了不起的。"（Freudenthal, 1970, p. 23）人类首先认识到自然数是无限的，1，2，…n，…永远数不尽。数数给我们的经验是，计数不是最终目的，明确地描述行为本身才是目的。人类在不断地认识无限中获得理性哲理，无限推动着数学的发展，从某个角度讲，整个数学的发展就是无限的发展史。如果没有无穷概念，就没有微积分方法，就没有傅里叶分析以及小波分析；"如果没有无穷大的概念，我们将很难看出数学将如何存在，因为一个孩子最先学到的数学——如何数数——就是以每一个整数都有一个后继者这一不言而喻的假定为基础"。（转引张远南，1996, p. 35）也许狗和猫能做加减法，却无法把握无限。就个体认识而言，认识无限是人类区别于动物的最本质的区别之一。可以说，只有数学家真正系统解决了无限的认识问题。

1.1.1 数学无限的认识发展一瞥

无穷大始终充满着神秘色彩。哲学家对无限有自己的诠释。有样东西不能证明自己，而且一旦它能够证明自己，它就会不存在，这件东西是什么？它就是无穷大！（Leonardo Da Vinci）

诚然，数学的发展源于实践，尼罗河的定期泛滥迫使人们丈量土地，丰富了几何学知识。但数学局限于实践往往难有长足发展。以算法见长的印度、中国、巴比伦和埃及的古代数学往往局限于日常生活中的实际问题，例如面积、体积、重量和时间的测量。在这样一种系统中，没有无穷大这种玄虚概念的存在空间。这是因为我们的日常生活中没有什么东西直接与无穷大打交道，无穷大只有等待，直到数学从一个严格的实用学科转化成一个智力学科为止；这种转化于公元前 6 世纪前后发生在希腊，所以希腊人最先认识到无穷大的存在是数学的一个中心问题。

但这一过程并不是一帆风顺的，而是经历了很多曲折。希腊人是几何学大师，可是他们对代数的贡献却非常少，所以他们无法体会代数语言的主要优点——它所提供的普遍性以及它所具有的以一种抽象方式表达变量之间关系的能力。正是这一事实，而不是其它的任何东西，才产生了他们对无穷大的恐惧，他们对无穷大存在根深蒂固的怀疑。"无穷大曾经是禁忌"，Tobias Dantzig 在他的经典著作《数，科学的语言》一书中说，"必须不惜任何代价回避它；否则，如果做不到的话，必须借助到达荒谬程度的理由把它隐藏起来。"

第一个向无限进军的勇士是 Emulous（Chides，公元前 4 世纪）。人们只知道 Euclid（约公元前 330~275）的伟大，实际上更加伟大而深刻的是 Emulous。当 Pythagoras 学派发现了涉及无限的无理数之后，发生了所谓的第一次数学危机。这是因为数学的许多基础性定理（加法交换律、矩形面积等于长乘宽，平行线切割定理等）起初只对整数有效，顶多可以扩充到有理数。那么对新发现的无理数是否还成立呢？这是涉及数学大厦基础是否可靠的大问题。Emulous 采用"穷竭法"进行论证，最后说："可以"，危机随之结束。这是非常了不起的成就。

Newton 和 Leibniz 发明微积分，是人类研究无限的伟大胜利。数学家不是被动地对无理数这样的无限背景进行解释，而是主动出击，开始正面处理"无限过程"，终于通过对"无限"的研究得到大自然数量变化的规律。微积分的创立和发展，为十七八世纪的科学创新提供了锐利的工具。人类的理性思维达到了一个新高度。

Newton 求函数导数的方法似乎不可思议。例如函数 x^2 的导数是 $2x$，其证明过程如下。设 h 是一个无穷小量，于是

$$\frac{(x+h)^2 - x^2}{h} = \frac{2xh + h^2}{h}$$

$= 2x + h$（因为无穷小量不等于零，所以可以约去）

$= 2x$（因为无穷小量可以任意小，所以可以略去）

这简直是无穷小魔术。无穷小量 h，"招之即来，挥之即去"，以致 Berkeley 大主教嘲讽地称之为"逝去的鬼魂"。尤其是最后把 h 抹去的做法，简直是暴力镇压。这一切，都是"无限"惹的祸！

从 19 世纪中叶开始，经过 Cauchy、Weierstrass 等数学家的努力，形成了描述无限过程的 $\varepsilon-\delta$ "定义"。以当 $n \to \infty$ 时，$a_n \to a_0$ 为例，定义为"对任意 $\varepsilon > 0$，总存在正数 N，使得当 $n > N$ 时，有 $|a_n - a_0| < \varepsilon$。$\varepsilon-\delta$ 定义这样的叙述，每一句话都是有限的，只有加减乘除，大于小于的字眼，似乎仅限于算术。由于使用类似"算术"的话语来描述无限过程，历史上称之为"极限的算术化定义"。

这当然是一个重大的成就。不过，19 世纪以来的数学并非必须靠语言才能发展。无穷小魔术依然具有强大的生命力。诸如 Maxwell 的电磁学方程，Fourier 的热传导方程，Rupprath 方程，"纳维－斯托克斯（Navier－Stokes Equation）流体力学方程，乃至 20 世纪的 Einstein 方程，杨振宁－米尔斯方程的出现，都是依赖微积分的伟大思想，在科学征程中一往无前。细细品味一下，大的数学成就并非直接得益于数学分析的严密化。

Cantor 发明了集合论，把实无限作为一个完全有资格的数学事物接受下来，并且坚持认为一个集合必须被看作一个总体。将无限集合既看作潜无限，又看作实无限。Cantor 的贡献是向无限集合进军，研究"实无限"，构造出超限数系，即超越有限、专门研究无限的数。在他手里，无限大分成等级，各个等级代表一个无限大的数，这些超限数还可以进行运算。Cantor 得出的关于无限的结果出乎人们的意料。诸如有理数和整数一样多，无理数比有理数多得多之类，使人惊愕不止。他证明，如果一个无限集合的超限数是 $\aleph_0$，那么它的所有子集构成的集合具有超限数 $2^{\aleph_0}$，而且一定大于 $\aleph_0$。那么，"一切集合所构成的集合 M 一定是世界上最大的集合了（设具有超限数 A）。可是 M 的所有子集所成之集又将比 M 更大，具有更大的超限数 2^M，这显然和 M 最大矛盾，形成了悖论。

原苏联的大数学家 Kolmogorov 说过："Cantor 的不朽功绩，在于他敢于向无穷大冒险迈进，他对似是而非之论、流行的成见、哲学的教条等作了长期不懈的斗争，因此使他成为一门新学科的创造者。这门学科今天已经成为整个现代数学的基础。

欧氏几何的平行公设不同于其它四条公设，长期以来引起人们的猜测，古代就有人说，"它完全应该从公设中剔除，因为它是一条定理。"很多人尝试从其它公理推出平行公设，但均告失败。对第五公设的研究导致了非欧几何的诞生。人们感兴趣的焦点问题是：非常远处的平行线发生了什么情况？Riemann 讨论无界和无限概念时，发现虽然欧氏集合的公设 2 断言：直线可被无限延长，但是，并不一定蕴涵直线就长短而言是无限的，只不过说，它是无端的或无界的。他在区别了无界和无限基础上发明了 Riemann 几何。Einstein 的广义相对论借助于 Riemann 几何的方法成功预测了星体的运行轨道偏离了其正常位置，是人类智力的重大突破。这场史无前例的思想革命根源于无穷大！

Davis 和 Hersh 在《数学经验》一书中说，重要的数学常被认为是当它的讲述范围大到包括无限的时候。现代数学对象的库存中充满无限，无限是难以回避的。事实上，无限概念及其逻辑演绎产物到处出现在分析数学的诸分支（如级数论、点集论、测度论、积分论、泛函分析、非标准分析等），特别在数学哲学与数学基础问题研究中，无限更是一个备受关注的话题。

如图 1-1，纵观这条由"无穷大"串成的数学思想发展主线，可以看出人们对无限认识的不懈追求，同时结出了丰硕成果。这条线索不仅反映了数学无限的发展历程，也折射了数学发展的几个重大转折点。其中微积分和非欧几何是数学史上划时代的、具有里程碑意义的重大成就；Cantor 集合论成为现代数学的基础，是人类思想的巨大进步。

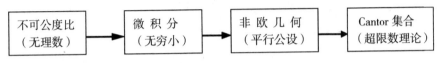

图 1-1　数学上与无限相关的重大发明历程图

1.1.2 对数学无限的认识窘状

总的来说，中学数学教材对"无限"采取的方式是"避而不谈"。学生从有理数过渡到无理数情形时，对无限的处理一般是"一带而过"，教师不深究，学生不问究竟也就过去了。对于函数概念，以及函数单调性等概念中蕴涵的无限背景不直接点拨，全凭学生自己领悟；对平行线判定定理一般不揭示"无限-有限"转化思想。

学生对数学概念中的无限的认识有利于理解数学概念，同时也有利于提高无限认识能力。无论从哪方面讲，中学数学都应该正面处理无限。况且，微积分学习阶段，学生不得不正面接触无限趋近过程——极限概念，"$\varepsilon-\delta$ 定义"就成了学生的拦路虎，这时学生正面对付极限已略显力不从心，很多学生无法逾越这个难点，导致学生对微积分望而生畏。"无可奈何花落去"，最后只好放弃了事。

1.2 研究的问题

鉴于以上现状分析，笔者需要研究以下问题：

1.2.1 研究的线索一：学生对无限的诸层次的认识状况和影响因素

笔者以发生认识论为理论依据，依据数学哲学和数学发展史中关于无限的观点，将人们对无限的认识由低到高构造"金字塔"结构如下：

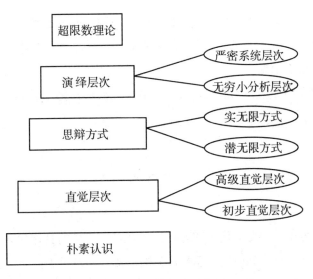

图 1-2 数学无限认识的"金字塔"结构图

其研究问题具体分解为：

（1）初三、高三和大二学生实际达到的无限水平如何？影响学生诸层次无限认识的本质因素是什么？

（2）在给出的每一层次的标准尺度的基础上，学生表现出怎样的较稳定的认知？容易出现哪些错误的认知？

1.2.2 研究的线索二：学生对相关数学无限概念的理解

（1）学生如何认识数学概念中的无限？表现出哪些比较稳定的认知？

（2）学生在认识数学概念的无限过程中容易出现哪些错误的认知？

1.3 本研究的意义

本书将学生对数学无限的认识划分为 5 大层级，8 个层次的"金字塔"结构。并制定了无限认识量表，衡量学生的无限认识水平，可以对学生的无限认识水平作质性分析和对比研究，了解学生的思维状况，权供教学参考和借鉴。

本书研究了学生无限认识中较稳定的认知特点以及容易出现的错误的认知倾向，有利于教学中帮助学生克服错误认识，深刻理解数学概念，还可以为教材改革提供依据。

本书积极倡导培养无限观，对于中学提升数学文化，落实数学素质教育有重要意义。

1.4 本书的结构

第1章导论，主要交代了问题提出的背景，研究的具体问题，研究的意义。第2章文献搜索和研究的思想构架的形成，是对过去的研究进行比较详细的述评，同时也为下一步的研究提供理论支撑。文献述评首先在列举了哲学上的无限的界定和数学哲学上的无限界定的基础上，给出了本文所研究的数学无限的界定，这是研究无限的基础，也是为下一步研究提供支撑。接着阐述了无限的两个观点。文献述评分类别阐述了前人对无限的研究成果。在此基础上，敲定了本论文的研究思想架构。第3章研究的设计与方法。如果说第2章提供的是理论支撑的话，那么，第3章就是对下一步的研究提供方法支撑。主要交代了研究展开的过程，样本的选取，研究过程中所采用的工具，数据收集和分析方法。第4至8章是研究的结果，是在以上理论框架的指导下，对问卷调查、访谈、课堂记录等数据作出的定量分析和定性分析，这5章基本具有相同的结构。第9章结论、建议和反思，是对第4，5，6，7，8章的一个概括，也是对整个研究的一个概括，同时对数学教学、教材改革、教师培训提出一些建设性建议，并建议在中学数学课程标准中增加无限观培养的具体要求。最后分析了本研究的不足和值得进一步研究的方向。

全文的整体结构关系如图1-3所示。

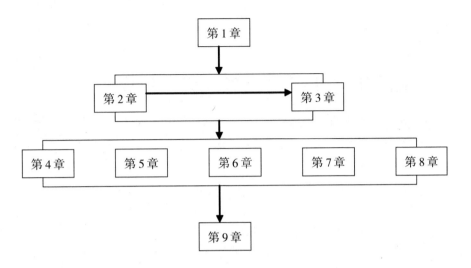

图1-3 本书各章节关系结构图

第二章

文献述评和研究思想框架的形成

2.1 关于无限的界定

2.1.1 关于哲学上的无限的界定

Moreno（1991）将古希腊中无限的涵义分为三种情形：

· 作为一个名词，指代天空的范围大小

· 作为一个形容词，指宇宙、空间无限大

· 作为一个副词，完善延伸、细分、连续、相加、近似等各个行为，常常应用于潜无限，如果过程进行中，就会无限制继续。

古希腊没有将无限单独看作一个名词，以为"无限物体"不存在，而是作为一个副词，无限与过程相联，隐含于方法操作涵义中。这里的过程已专门化，因为"最后一项"不存在，虽然"开始点"容易理解。无限过程暗含无法穷竭的含义。(Fischbein, 1979, p. 7)

当我们说一个东西是无穷大的时候，这仅仅意味着我们不能感知到所指事物的终点或边界。(Tomas Hobbes, 1588~1679, 英国哲学家)

无穷大是一个深不可测的海湾，所有东西都会在其中消失。(Marcus Aurelius, 罗马皇帝和哲学家)

现实中的无穷不仅具有单纯量的特征，而且还具有质的特征，现实中的

"无穷"总是在空间和时间上表现出各种各样的形态。譬如,诗歌中的无穷,乃指人体验的无穷,人类智慧无限,是无法计量的无穷;而财富与能力的无穷,则是有限之中的无限。(张奠宙,2006,p.13)

无限甚至只是一个假想,没有令人信服的测试可以支持或反驳无限。(Fischbein,1979,p.12)

Kant 认为,世界是一个统一整体,人们囿于有限而不能接受无限,而只能接受有条件的有限,与这些有条件的有限相对的就是我们可以接受的无限。

Hegel 把无限分为两种:一种叫做"真无限",一种叫做"恶无限"。他认为传统的无限观是形而上学的"恶无限",无限与有限是绝对对立的。而"真无限"则认为有限和无限之间没有不可超越的界限,它是无限和有限的自身发展起来的统一。Hegel 通过对无限的划分,把真无限理解为有限和无限彼此自我否定、自我扬弃后的对立统一,进而达到他所谓的"绝对精神"。

2.1.2 关于数学哲学上的无限界定

《庄子·天下》中的"一尺之棰,日取其半,万世不竭"是数学上的无穷分割的生动体现,反映了深刻的潜无限思想。

"无限"就是指数量上的无限大或无限多,数学上常用表示无限大,但它并不是一个有精确意义的的符号,人们只是借用它来表示一个变量 x 无限增大的意思。简记为 $x \to \infty$。(徐利治,2007,p.1)

Bolzano 的关于"无限的矛盾"的工作开创了将无限作为一个研究对象引入数学的先河,达到这个目的的决定性的一步是将无限看作集合的属性,而不是作为一个名词或副词。(Moreno,1991,p.5)

2.1.3 本书所研究的数学无限的界定

学生学习的数学中没有直接给出无限的定义,也不可能直接给出定义。无限包含于具体的数学概念中。有的以显性方式呈现,如自然数、平行线;有的隐含于数学概念中,如函数单调性、交换律;有的存在于某一特定对象的无限过程中,比如函数极限;有的就是数学概念的属性,Cantor 超限数理论将无限作为集合的属性。本文研究的无限是具体数学概念中包含的无限。理解数学无限观要基于概念上的隐喻。

2.2 无限思辩的两个观点

翻开数学史就可以知道，无限小与无穷大引入数学分析领域都是颇费周折的，其原因是由于无限概念中蕴涵着矛盾的缘故，他们就是潜无限和实无限的矛盾。

即使在小孩子的斗嘴中，我们也可以有趣地发现"潜无限"与"实无限"之争。两个小孩子在比较某事物的数量，一个说："我有1000"，另一个说："那我有10000"，一个说："你有多少，那我就有多少再加1"，另一个说："我有全宇宙那么多"……显然，他们最后诉求的其实也正是"潜无限"与"实无限"。

2.2.1 哲学意义上的潜无限和实无限

（1）从自然数角度出发的潜无限和实无限

Aristotle 将无限定义为"不可得"，无限定义在所有能够用一个无终结的过程来描述无限的情形，这个过程是无限序列步骤，后面一步总不同于前面一步。用这个定义，一个圆尽管没有始点和终点，但不能看作无限，总可以找到一个和前面一样的后续。

尽管 Aristotle 承认每一个自然数的存在，但全体自然数不可得，不能被人类所认识。他没有将自然数看作实无限，相反，他们可以表征为潜无限。事实上，Aristotle 将无限看作永远没有完竭的过程（endless process）。无限没有起点，没有终点，存在一个"后续"（successor），每一项永远和前面的项（predecessor）不同。这个过程永远不能完成，称之为潜无限（potential infinity）。比如，数数的过程需要所有时间才能完成，这是人力达不到的。受时间的局限，无法达到无限的整体。在他看来，无限数量化不可理解。而是将无限看作永远在延伸着的、一种变化着成长着被不断产生出来的东西来解释。它永远处在构造中、永远完成不了、是潜在的。在他看来,量就是一个数字,一个靠计数达到所给数字。给定一个计数的不可到达的过程,就没有类似无限量这样的事情。(Dubinsky,2001,p.15)

然而,Aristotle 并没有完全拒绝无限。因为它的存在有很多暗示:时间,可以无限分割;空间,似乎是没有止境的。相应的是,人类无法想象一个无限实体以及它的实在的方面,并证实它的存在。倘若无限不能"一次都呈现"(all at once),Aristotle 就定义了两种不同无限观念:潜无限和实无限。这使他承认了无限的存在。

Aristotle 将实无限定义为瞬间的无限呈现(to be infinite present at a moment time)。他将这看作不可理喻。因为这样的实在过程需要整个时间。他认为,无限全部被理解只能通过时间来实现,并且以潜无限来呈现。在 Aristotle 看来,所有对无限的拒绝就是拒绝实无限;另一方面,潜无限应看作"现实的基本特征",因而是可接受的(moore,1995,p.5)。Aristotle 相信它们的差别可以解决不同悖论。

徐利治(1999,p.34-36)认为,潜、实无限分歧的另一根源来自自然数列本身所具有的二重性质——"内蕴性"和"排序性"。所谓"内蕴性"是指自然数列所具有的内在性质。它们表现为自然数之间的各种特定的关系,如由种种数论性质表现出来的关系等。由于不断延伸的数列将会不断产生新的内蕴性,而层出不穷的内蕴性是不可能穷尽地被构造出来的,当然它们也就不可能作为无穷整体对象来把握。所以,从"内蕴性"角度看待自然数列,即着眼于含有内蕴性质的数列,就只能视为潜无限。

所谓"排序性"是指自然数依次相续的那种宏观的外在性质。对此性质的把握不需要能动性的构造活动,而可将它看成是自然数列一贯到底的整体性质。既然如此,着眼于含有"排序性"的自然数列也就自然是实无限模式了。

(2)从思维能动性角度出发的潜无限和实无限

徐利治(1999,p.34)认为潜无限和实无限问题还涉及人脑概念思维的能动性限度问题以及自然数列的二重性本质问题。古典哲学家 Hegel 就曾在《哲学史讲演录》中表述过:"时间和空间的本质是运动"。如果承认运动的客观性，承认运动变化的过程中有时能在"临界点"出现质态上的"突变"，而人脑概念理性思维具有反映"飞跃"的能力，则实无限概念的客观性也就不难阐明了。

假设一个动点 P 从数轴上的坐标点 1 处滑动到坐标原点 O 处，那么显然该点 P 必须经历一切形如 $\frac{1}{n}$ 的坐标点汇成的无限点集 $\{x \mid x = \frac{1}{n}, n \in N\}$。于是由一一对应 $\frac{1}{n} \leftrightarrow n$ 也就立即得出了 $N \equiv \{x \mid x = n\}$。在这个思维认识过程中，可以认识到 P 点与原点 O 的距离从非零变到零是一个数量性质上的突变，而这个突变立即导致形如 $\frac{1}{n}$ 的坐标点个数由"有限"飞跃到"真无限"，相应地实无限概念 $N\{n\} N \equiv \{n\}$，即 $\{\frac{1}{n}\}$ 的对应物也是由概念思维活动客观地反映这种"飞跃现象"（量变到质变过程）的产物。

如上所述，就是科学认识论观点下有关"实无限概念的客观性"解释。需要补充说明的是，正如几何学上的圆是绝对完美的的理想事物，在现实中并不存在那样。含有无限多元素的实无限 N 也并不存在于现实经验中，而只是反映某种客观实在关系的理想事物。Hilbert 就不认为现实经验中存在实无限，但却欣然接受实无限概念，并认为那是通过思维的"外插"而获得的一种理想事物。可以看出，他所说的思维外插，无非是指富有能动性的理性思维对"飞跃现象"作出的正确反映。

可见，实无限论者是默认概念思维具有反映"飞跃现象"的能动性，而潜无限论者由于不认识、不认可或不信赖概念思维的能动性，所以也就拒绝思考实无限对象，或不愿接受由思维能动性产生的实无限概念。这说明两种无限观的分歧的可能根源之一就是由于"思维主体"在思维形态上的不同，一种思维形态默认思维反映飞跃的能动性，另一种则否认或无视能动性。

2.2.2 数学上的潜、实无限观的认识发展一瞥

无限到底是潜无限还是实无限？这一直是数学史上争论的问题。自古以来，主张潜无限观的哲学家和数学家有：

Aristotle（包括其后继者），Gauss，Galois, Kronecker, Poincare, Brouwer, Weyl, Bishop。（徐利治，2006，p.4）

Aristotle 只承认潜无限，使其在古希腊数学中占统治地位。文艺复兴时期后，17 世纪下半叶，Newton、Leibniz 创立的微积分学也是以实无限小为基础的。在其理论中，无穷小量被看作一个实体，一个对象，正因为此，早期微积分又被称之为"无穷小分析"。这种以实无限思想为据的理论在其产生后的一个世纪被广大数学家所使用，因而使这段时期成为实无限黄金时期。微积分被形容为一支关于"无穷的交响乐"。但由于当时人们对无穷小量概念认识模糊，导致产生了 Berkeley 悖论及一系列荒谬结果。

Gauss 于 1831 年 7 月 12 日写给 Schumacher 的信说，"……我反对将无穷量作为一个实体，这在数学中是从来不允许的。所谓无穷，只是一种说话的方式，当人们确切地说到极限时，是指某些比值可以任意地趋近它，而另一些则允许没有界线地增加。" Cauchy 也不承认无穷集合的存在，因为部分能够同整体构成一一对应这件事，在他看来是矛盾的。

尤其到了 18 世纪末至 19 世纪约百年时间中，随着重建微积分基础工作的完成，无穷小量被拒之于数学大厦之外，无穷小被看作实体的观念在数学分析中亦被驱除了，而代之以"无穷是一个逼近的目标，可逐步逼近却永远达不到"的潜无限观念。这种思想突出表现于现在标准分析中关于极限的定义中，并由此建立起了具有相当牢固基础的微积分理论，使得潜无限思想在这段时期深入人心。然而，到本世纪 60 年代，A Robinson 创立的非标准分析，使无穷小量再现光辉，荣归故里，重新堂而皇之的登进数学的殿堂，而可与 Cauchy 的极限分庭抗衡了。尤其，在 Cantor 的无穷集合论中，体现的也是"无穷集合是一个现实的、完成的、存在着的整体"的实无限思想。Cantor 将无穷集合用基数 $\aleph_0, \aleph_1, \aleph_2$……来标记，无穷集合似乎可以当作量来处理。主张实无限观的哲学家和数学家有：

Leibniz, Hegel, Dedekind, Cantor, Weierstrass, Hilbert, Russell, Godel, ThomPlatonists（Plato 主义者）等。（徐利治，2006 p.4）

徐治利（1999，p.25）认为，表面上看来，Cantor – Zermel 似乎在古典与近代集合论中完全贯彻了实无穷观点，而 Cauchy – Weierstrass 在极限论中似乎完全贯彻潜无穷观点。事实上，集合论和极限论中都包含潜无限和实无限这一对矛盾，并且，对于近现代数学系统中的那些涉及无穷观的子系统而言，往往都是兼容潜无限和实无限的系统。作为极限本身而言，它既是潜无限，又是实无限，"实无限和潜无限是一个硬币的两个面"。Cantor 的超限数 $\aleph_0 \aleph_1 \aleph_2$……是由实无限组成的领域，却外显了潜无限，而不是无限的实在形式。无限的"潜在"性质，表面上似乎完全由于 Cantor 理论而被抛弃，然后在更高层次重新出现（Beck，1959，p125）。无限的矛盾本质推到更高一层次，但不能完全消除。

2.2.3 数学上的三大流派对无限的不同观点

因为自然数序列的无限性问题和连续统一的点的结构问题，曾导致数学家之间及哲学家之间的长期争论，并成为数学史上诸不同流派观点分歧的出发点。逻辑主义派的主要代表人物是 Russel。其宗旨主要是将数学化归为逻辑。逻辑主义派的基本立场是确认全部数学的有效性，并认为能把全部数学化归为逻辑，因此，既然要确认全部数学的有效性，势必要确认实无限观点下的无限集理论。

Hibert 是形式主义学派的创始人，他曾说，数学思考的对象就是符号本身，符号是这个思考的本质，它们不再代替理想化的物理对象。其主要观点是认为古典数学中那些包含着"绝对无穷"（实无穷）概念的命题确实是"超越人们直观性证据之外"的东西。他曾说，"真实无穷乃是通过人们心智过程被插入或外推出来的概念……"。但是他们并不同意直觉主义者由于这样的理由去放弃古典数学，包括 Cantor 集合论。

就无限观而言，逻辑主义派和形式公理主义学派都支持实无限观点，亦即确认实无限性研究对象的存在性。

以自然数为例，逻辑主义派将自然数序列 $\{1, 2, 3, \cdots, n, \cdots\}$ 理解为可以完成的过程，因而能作成一个无穷集合。这里承认可以由一切自然数形成一个无限总体，实质是实无限观点。他们认为自然数可以考虑成为一个"完成了的整体"，它作成一个含有无限多元素（自然数）的有序集合，而一切自然数都在其中。这是关于自然数列的实无限观。实无限观点认为，人类对自然数无穷序列的认识经过了几个不同等级的抽象才完成的：第一是由具体事物到自然数概念，这是一级抽象；第二是由具体的自然数到一般的自然数 n，这是二级抽象；第三是从有限多个自然数到自然数全体，这是三级抽象。人们之所以能完成这第三级的抽象过程，主要是因为思维能够反映事物在质变过程中的"飞跃"。在这里具体反映了从延伸到穷竭，有限到无限或有限量的质变的转化。

直觉主义派的主要代表人物是 Brouwer。直觉主义学派的根本出发点是关于数学概念的方法的"可信性"考虑。认识论的可信性就唯一地决定了直觉主义的前提。直觉主义学派在数学上的出发点不是集合论，而是自然数论。直觉主义学派对实无限概念采取绝对排斥。因为从生成的观点来看任何一个无穷集合或实无限对象都是不可构造的。例如，对自然数集合 $\{1, 2, \cdots, n, \cdots\}$，直觉主义学派否定全体这个概念，因为任何有穷多个步骤都不能把所有的自然数构造出来，更谈不上汇成整体了。在他们看来，自然数集合 $\{1, 2, \cdots, n, \cdots\}$ 只能永远处于不断地被构造的延伸状态中，是创造不完的，因而它们不可能形成一个整体性的无限集体。它能不断地达到下一个数而超越任何一个已经达到的界线，从而就开辟了通向无限的可能性。但它永远停留于创造（生成）的状态之中，而绝不是一个存在于自身之中的事物的封闭领域。也就是说，自然数列只是一种具有潜在无限性的事物，自然数的无限是"潜无限"。

按照 Monk（1970，转引徐利治，2007，p. 2）发表的一篇文章中的说法，世界数学界中有 65% Plato 主义者，30% 形式主义者和 5% 直觉主义者（即构造主义者）。Plato 主义指 Plato 哲学或 Plato 的哲学，尤指宣称理念形式是绝对的和永恒的实在，而世界中实在的现象却是不完美的和暂时的反映。如此说来，实无限论者显然代表数学界的多数派或主流派。虽然如此，由于潜无限自然数早已成为现代计算机科学和可计算理论的基本概念，所以有些数学家，例如 Maclane 在其著作中，就乐意将 Peano 公理中的第 5 公理（归纳公理）陈述为弱形式与强形式，弱形式的归纳公理蕴涵潜无限性的自然数列，强形式的归纳公理肯定实无限性的自然数列。

那么自然数序列的无限性究竟是潜无限还是实无限？无限过程乃是实无

限与潜无限的对立统一体,两种无限概念只不过是对同一个无限性对象(如自然数序列)的两个侧面的描写和反映,是一个硬币的两个方面(徐利治,2001,p.5)。但由于形式概念思维的单一性和僵化性,在考察无限性的任一侧面时,另一侧面必处于形式推理上被否定的地位。所以,在肯定关于实无限的凝聚公设时,必定要否定潜无限的存在性;另一方面,潜无限论者就必然否定实无限的存在性,否则就自相矛盾。

2.2.4 小结

综上所述,数学本身包含着无限的固有矛盾性,而本文所界定的无限是数学概念中蕴涵的无限,笔者从数学无限的固有矛盾性出发,基本赞同徐利治先生关于数学无限的观点:实无限是把无限的整体本身作为一个现实的实体,是已经构造完成了的东西。换言之,即是把无限对象看成为可以自我完成的过程或无穷整体,实无限依靠潜无限来产生,潜无限的最终结果依靠实无限来表达,无限是潜无限和实无限的矛盾统一体(徐利治,1999,p.34)。

2.3 对无限认识的研究综述

2.3.1 对个体实无限的认识研究

Fischbein(1980,p.24)认为无限就是数量加数量,我们总可以从外面拿些东西进来,总可以往无限中加入新的元素。实无限与自然数集本身满足的条件相矛盾。实无限是非本能的大脑的构造物,人的本能无法接受它。

Galileo 和 Gauss 认为,实无限无法包含在逻辑的相容推理中。(转引 kline,1972,p.34)

Dubinsky(2001,p.11)提出,为什么个体承认一个很大有限数字的存在很容易,而无法接受实无限的存在。他曾让8岁,12~13岁的孩子在一条长线条上标出数量不同的集合,他们将自然数集合 N 标在很多沙子组成的集合旁边。他们不能相信 N 会大过沙子的粒数。有时个体将其看作一个很大的数,有时看作一个很简单的事情。

Nunea（1983，p.9）报告了一个对 9~14 岁学生关于无限过程的建构。结论是没有证据显示学生会想起一个实无限。所以他们的评论都根据潜无限。他主张的理由是实无限的概念 15 岁前不能产生。他的观点被 Hanchart Rouche 的结果所支持。这和 Tall 的观点一致。

Dubinsky（2001，p.13）指出，$10^{10^{10^{10}}}$ 将它看作一个对象，只是一个自然数，如将它看作一个过程，却很大很大，甚至最终很难产生一个对象。个体将无限看作最终对象，而非超越对象。个体可以承认一个很大有限数字的存在，而难以接受实无限的存在。

Bolzano 的时代产生了很多矛盾，大部分矛盾原因是没有界定或限制无限的范围。其中很重要的一个方面在于是否承认实无限的存在。（Moreno，1991，p.15）

Bolzano 发展了 Aristotle 的实无限理论，只有当一个集合形成了包含每个方面的形象，或能反映构成集合的过程的每一个步骤，它才能看作一个整体。Moore（1999，p.10）指出，Cantor 的理论中的无限集合受制于数学家的调查，集合不能看作真正的无限。这里 Moore 指出了无限是人为操作，不是"真实的无限"。（Moreno，1991，p.17）

Dubinsky 从唯理主义出发，主张"人们总是通过总体描述元素想到集合，我们用我们的智能想起一个无限集合，将它作为一个整体，而不用去单独思考每一个元素。"这导致 Bolzano 将无限集合看作为一个整体，从而主张应支持实无限。

Cantor 认为无限算术理论使 Aristotle 的潜无限和实无限的两难性永久存在。他的理由是只有所有元素都有了，集合才呈现，故集合的无限性应看作是潜无限而非实无限。无限集合受人为数学研究的影响，集合的势或集合序的类别被人为指定，"具有某种界定"或是"真正的有限"。为此，Cantor 区分了这样的集合和真正的无限集合，后者的特点是"无止境的，无限制的，非人为设置的"，是"不可得的"，而前者是"可得的"无限。

他进一步指出，"不可得的"无限的多样性是假设所有元素"放在一起"导致矛盾，所以不能将多样性看作一个整体，看作"已经完成的事情"。这样的多样性我称作"无限的，或不协调"的多样性。

因此，Cantor 将人的认识划分为三个层次：有限、可得的无限、不可得的无限。实无限可以看作可得的无限，而不可以人为实现的潜无限集合可以看作不可得的无限。

2.3.2　关于无限的隐喻（metaphor）研究

隐喻是借用诗歌和文化语言，它本原的定义是指一个概念迁移到另一个。隐喻用在认知科学中是比喻性的，为了暗指人类大脑的能力的美妙、复杂、某种程度上的神秘。

Bolzano 关于无穷的研究，其哲学意义比数学意义来得多，并且没有充分弄清楚后来称之为集合的基数的概念。在 Bolzano 的观点看来，数学是处理抽象集合的，判断无限集合是否存在的确认标准应该是全新的，主要依赖于它的非矛盾性质。这是一个决定性步骤，它抛弃了经验确认，抛弃了用元素构造程序的结果形成集合的观念。Bolzano 的工作形成了全新的领域，将无限在操作领域转变成对象领域，在这样的意义下，无限才有可能吸收进数学。然而，无限的结构还不完善，建构概念还没有完成（Moreno，1991，p. 21）。

Lakoff 和 Nozn（2000，p. 13）主张，理解数学无限观要基于概念上的隐喻来理解。基本的无限隐喻与目标过程范围和已完成的有限迭代过程来源范围相关联，概念上的隐喻机制是指个体对无限过程的结果形成概念。Dubinsky（2001，p. 12）认为，内在的心智构造是静态思考，内在过程整体上应看作一个认知对象，过程发生之前，应被看作一个整体。

Nidholas（1999，p. 10）考虑一个等多边形的无限序列标记一个圆，虽然侧的个数可以增加，但永远不能产生一个圆。Galio 也得到同样的结论，但他将分割过程看作超过程，承认没有细分过程之后，"个人的努力"（single strike）分离和分解整个无限。这里所谓的"个人的努力"和 Dubinsky 的"内在心智构造"一致。

我国魏晋南北朝时的数学家刘徽的"割圆术"指出，"割之弥细，所失弥少，割之又割，以至不可割，则与圆周合体而无所失矣。"刘徽的思想兼含无限概念的形成和隐喻，对无限的认识达到了一个高度。

Monaghan（1986，p. 16）的研究中，31%（190 名学生）认为，他们将

无限理解为一个很大数。"我们将数字看作简单的事,而将无穷大看作中介形式,或很大数的上一层。"学生接受无穷小是一个有用的虚拟,一个很小数字的层面。用相同方法,无穷大可以表现为一个较大数字的层面。

Falk（1992, p. 13）认为,儿童对数字标签很看重。事实上,标签是康托集合的标志。

2.3.3 关于无限认识的分类研究

Piaget 和 Inhelder（1948, pp. 152~179）在论述儿童的空间表示的书中研究了点的概念和连续统。结果显示,8 岁以上儿童将少数几个点看作最后图形,并且保持原始图形的形状。在具体运算阶段,儿童能指出大量点组成的图形是不断分割的结果,但不能理解过程中的无限性,将点作为最后的元素,没有形状和面积。

Williams（1991, p. 8）研究了个体对极限的本能认识,将个体对极限的本能认识分成 6 类:动态观点、边界观点、形式化观点、无法到达、近似值、动态操作。

Davis 和 Vinner（1986, p. 13）罗列了学生的 9 种对极限的错误认识,其中包括:n 到不了无限,那么 a_n 能否趋近于极限 L？收敛序列一定递增而上有界（或递减而下有界）。

Tall 和 Vinner（1986, p. 14）探讨了个体对 $\varepsilon - \delta$ 语言的认识,认为存在两个误区:

· ε 似乎不能对应任何特殊的数

· "任意的 $\varepsilon > 0$" 似乎显得很突兀,在我看来,定义应该从某种程度上表明 ε 的数值逐渐递减,ε 才能成为任意小。定义似乎没有遵循这样的思路。

并指出学生对 ε 含义的理解影响学生对极限定义的理解。将学生对极限的不同心理认识划分为几个类别:单调的与动态单调的、动态的、静态的、混合的。

Fischebein（1979, p. 12）发现,无限的直觉非常局限于年龄。5 岁孩子 Noga 认为,沙子数目比人的头发数目多,理由是沙子数目是稳定的,人的头发数目总是变化的。

Fischbein1979 年的文章试图发展 Piaget 的关于儿童对无限的阶段性认识的工作，用旧的样本（470 名 10－15 岁学生在不同层次得分）试图找出结果和学生成绩的关系，所用的问题是 Piaget 和 Taback 的直线细分，一一对应的问题，发现无限的直觉本身是矛盾的，因为我们的逻辑图式自然而然地要适应有限的物体。支持这个观点的明显证据是无限推理中存在巨大分歧。有人认为推理是无限的，因为承认直线的划分总的来说是一个无限的连续操作；有人认为推理是有限的，因为不接受无限的连续操作，或认为必须用有限逻辑图式，如"整体必须大于部分"来回答。

2.4　研究思想架构的形成

2.4.1　学习的认知弹性理论

（1）认知弹性理论对知识领域的划分

在生活中有些问题的解决过程或答案是确定的，我们可以直接套用现成的法则或公式，有关这些领域的知识称为结构良好领域（well structured domain）的知识，也就是有关某一主体的事实、概念、规则和原理，它们之间是以一定的层次结构组织在一起的。但是，现实生活中的许多实际问题，却常常不能直接套用规则和原来的解决方法，只能在原有经验的基础上重新分析，寻求解决问题的策略，有关这类问题的知识就是结构不良领域（ill-structured domain）的知识。结构不良领域的知识具有以下两个特点：第一是概念的复杂性，在每个知识应用的实例中，包含许多复杂及应用广泛的概念；第二是实例间的差异性，在同类的各个具体实例中，所涉及的概念及其相互模式有很大差异。结构不良领域是普遍存在的，对于结构不良领域的问题，我们不能仅仅简单地提取已有的知识解决问题，而只能根据具体情境，以原有的知识为基础，建构问题解决的途径和方式（陈琦等，1997）。而且，在问题解决的过程中往往不是以某一个概念、原理为基础，而是要通过多个概念、原理以及大量经验背景的共同作用来实现（Shulman，1992，p.21）。Spiro（1991）根据对结构复杂和结构不良领域中学习的本质认识，提出了认知弹性理论。

(2) 认知弹性理论对学习的描述

认知弹性理论继承了建构主义关于学习的基本观点,即学习是学习者在一定的社会文化背景中以自己的方式主动建构内部心理表征的过程。所谓认知弹性(Spiro & Jehng, 1990),就是指学习者通过多种方式同时建构自己的知识,以便在情境学习发生根本变化的时候能够作出适宜反应的能力。认知弹性理论认为学习者在学习复杂和结构不良领域的知识时,要通过对学习对象的多维表征以及多样化应用才能完成对知识意义的建构,才能达到对知识的全面理解。此外,通过多维表征所建构的知识,能够较好地迁移到其它领域。具体来说,认知弹性理论认为学习具有下列三个特征:建构过程的双向性、学习过程的层次性、知识表征的灵活性。

· 建构过程的双向性

Spiro 等人认为,建构过程是双向的,一方面,通过使用先前知识,学习者建构当前事物的意义,以超越所给的信息;另一方面,被利用的先前知识不是从记忆中原封不动地被提取,而是本身也要根据具体实例的变异性而受到重新建构。这一观点虽然与 Piaget 的同化和顺应的观点相一致,但是,Piaget 强调学习者是从记忆中提取组织好的图式来丰富当前事物的信息的。而 Spiro 等人认为,由于结构不良领域存在概念的复杂性和实例的多样性,我们不只是从记忆中原封不动地提取知识结构来帮助新意义的建构,而是将各种知识源汇在一起,加以适当的整合,以适合当前情境下的理解和问题解决的需要。由于要进行这种双向建构,学习者必须积极参与学习,必须时刻保持认知灵活性。

· 学习过程的层次性

Spiro 等人按照对学习达到的深度不同,把学习分为初级学习和高级学习两种。初级学习是低层次的学习阶段,教师只要求学习者知道一些重要的概念和事实,在测验中按原样再现即可。初级学习涉及结构良好领域的问题,而高级学习则与此不同,高级学习要求学习者把握概念的复杂性,并广泛而灵活地运用到具体情境中,涉及到大量结构不良领域的问题。由此可见,高级学习的学习目标对于初级学习有了很大改变;从记忆概念和事实转变为理解概念的复杂性；从知识的简单提取转变为知识的迁移和应用（Spiro，1992）。D. Jonassen（1991）在此基础上提出了知识获取的三个阶段：初级学习阶段（introductory）、高级学习阶段（advanced）和专家知识学习阶段（expertise）。在初级学习阶段，学习者仅能套用现成知识解决问题，或利用少数过分简化的案例来解决简单的问题。在教学中，此阶段涉及的主要是结构良好问题，其中包括大量的通过练习和反馈而熟练掌握知识的活动过程。在高级知识获得阶段，学习者需要获得独特的和难以预测的复杂问题的知识，学习者必须发展对动态的现实应用领域的灵活的表征能力，学习者必须获得说明这个领域内在关系的知识和能用不同观点应用知识的能力，高级学习是结构不良领域的知识，而解决那些需要建立案例和观点相互关系的情境问题时，迁移技能是关键（Jonassen，1991；Spiro，1988）。在专家知识学习阶段，所涉及的问题则更加复杂和丰富，这时，学习者已有大量的图式化的模式（schematic patterns），而且其间已建立了丰富的联系，因而可以灵活地对问题进行表征。

· 知识表征的灵活性

Spiro 等人研究发现，在传统的学校教育中，学习者普遍不能达到高级知识学习的目标，究其原因，是学习者用学习结构良好领域知识的方法去学习结构不良领域的高级知识。认知弹性理论认为，在复杂的结构不良领域中的学习过程是学习者主动进行的双向建构的过程，在这一过程中，只有对知识进行多维表征时，学习者才能达到对知识的全面理解和灵活运用。

2.4.2　数学概念学习的 APOS 理论

Thompson（1985），Greeno（1983），Hiebert（1986）等人在 80 年代指出，数学内容可以分为过程和对象两个侧面。所谓过程，就是具备了可操作性的法则、公式、原理等。而对象则是数学中定义的结构关系。Sfard（1991，1994）等人进一步认为，数学中很多概念既表现出一种过程操作，又表现为对象结构。概括地讲，同一个数学概念常常具有如下的二重性：过程—对象，算法—结果，操作行为—结构关系。相应地，可以分别具有以下特性：动态—静态，细节—整体，历时（继时）—共时（同时）。

APOS 理论源于 Piaget 的关于个体认知的反省抽象理论，提出个体对数

学概念的认知的四个阶段:行动、过程、对象、图式,笔者结合勾股定理阐述四个阶段的具体涵义如下:

"行动"(action)是个体对数学"对象"进行变形,一般来自外部刺激,通过学习一步步动作指示来获得,这一获得有时是显而易见,有时来自于记忆。这里的"行动"泛指所有的数学活动,如猜想,回忆,计算,推理等,而不是仅仅指学生的肢体动作。比如,学生学习勾股定理,学生可以通过经验,计算,观察图形,猜想等一系列外部活动得出两个直角边的平方和等于斜边的平方的结论。刚开始这个结论在个体头脑中留下印象,但只是外部的记忆性的印象,离不开计算等外部刺激。

当"行动"(action)不断地被个体重复并反省它,动作已经自动化了,不再需要外部刺激,个体已经形成内部构造时,"行动"就内化为"过程"(process)。表现为个体能够逆向推导数学概念,并构造更复杂的"行动"。比如,学生能够根据两个直角边的平方和等于斜边的平方,反推三角形是直角三角形。学生这时对勾股定理的认识已经提高,内部已经形成了关于它的一系列结论,不需要计算验证等外部刺激就能理解勾股定理。

当个体将"过程"(process)看作一个整体,并可以对它变形,这时"过程"就凝聚成"对象"(object)。比如,学生将勾股定理以及边角关系,以及勾股定理的逆定理看作一个系统,能整体把握系统,并区别各个关系。学生这个时候已经不再关注计算,而是关注直角三角形本身,表现在学生在题目中能正确区分直角三角形变式。

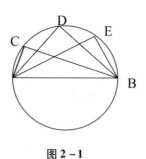

图 2-1

如图 2-1,学生能结合圆的相关知识判定图中的三个直角三角形。学生能抓住直角三角形的本质特征,形成了直角三角形的"对象"(object),而不受图形位置干扰。

数学概念的"图式"(skema)是指个体的"行动","过程","对象"以及与之相关的其它数学概念的"图式"的集合体。这时在个体的头脑中形成一个协调的网络,还可能会记住与概念相关联的问题情境。这个协调的网络在某种意义上能明确地或隐含地决定哪些现象是"图式"的范围,哪些现象不是。个体理解协调网络的关键是结点的联结。比如,形成了"图式"的勾股定理是集直角三角形,边边关系,边角关系系统,内部和谐统一。形成了"图式"的个体很自然地想到在四边形里添辅助线转化成直角三角形应用勾股定理,因为他能够判断四边形不属于这个直角三角形"图式"。

个体刚开始可能从局限于某个特殊的公式或计算来思考某个概念的"行动","过程","对象","图式",随着个体思维的发展,又回到新的"行动"阶段,形成关于这个概念更复杂的"图式"。比如学生在高中学习了三角函数后,重新回到直角三角形,发展了直角三角形的边角关系,形成更复杂的三角形的"图式"。故APOS理论还指出,特殊数学思想下的不同概念建构更多是辩证的螺旋上升的而不是线性的结果。

小结:涉及无限的数学概念大多属于结构不良领域的知识,按照个体认知弹性理论,学生在数学学习中对无限的认识是个体双向建构的过程,并分初级学习阶段、高级学习阶段和专家知识学习阶段,学习者在多维表征的基础上达到灵活运用。所以,学习者在无限认识的每个层次中必然存在复杂性和个体差异性,这是本文要研究的主要问题之一。极限是隶属于无限的演绎层次,APOS理论是ED Dubinsky通过研究高等数学概念的理解而提炼出的数学学习理论,笔者运用APOS理论探究学生在极限学习中的认知特点。

2.4.3 无限认识层次划分的依据

(1) 发生认识论的理论依据

传统的认识论只顾到高级水平的认识,换言之,即只顾到认识的某些结果。而发生认识论的特有问题是认识的成长问题,目的就在于研究各种认识的起源,从最低级形式的认识开始,并追踪这种认识向以后各水平的发展情况,一直追踪到科学思维。发生认识论认为,个体从客体出发进行抽象,并从运动或动力学的角度把客体在时空上组织起来,其方式跟使活动具有结构的方式相似。同时,这种协调联合在一起形成因果性结构的起点。

Piaget 的发生认识论的理论成果之一是关于儿童智力发展理论。他将儿童智力发展由低到高分为 6 个水平,感知运动水平、前运演思维阶段的第一水平、前运演阶段的第二水平、具体运演阶段的第一水平、具体运演阶段的第二水平、形式运演。

笔者以发生认识论为依据,以 Piaget 儿童智力发展理论为依托,随着年龄的递增,将学生在数学学习中对无限的认识由低到高分为五大层级、八个层次。

(2) 数学哲学的依据

Kant(1798)的"先验感性论"认为,空间和时间是两种先天的纯粹的直观形式,是归属于人心的主观性状的直观形式。空间是外部直观或外部现象的必然基础,时间是一切直观、一切现象的必然基础。Kant 还专门论证了纯粹数学这种先天综合知识的可能性基础是时间和空间这两种先天直观形式。时空的最大特点是无限性。学生在学习数学无限之前就应该对无限具备先验认识,笔者称之为朴素认识。

Kant 的"时空说"的重大意义在于明确提出人类一切认识都开始于感性直观,即开始于在时空中把握到的东西,这使我们对"科学"的概念有了一个严格的限定。当然,感性的东西并不一定都是科学的,但真正的科学必定是建立于感性之上,并可以通过直观来检验,其对象必定处于时空关系之中,因而能用数学对之加以规范。笔者以为,紧接无限的朴素认识之后,应是对数学无限的直觉认识。初步直觉认识和高级直觉认识是直觉认识的不同阶段。

Kant 的"先验感性论"已经解决了感性直观之所以可能的先天根据问题,"先验逻辑"要解决的则是理性认识之所以可能的先天根据问题。Kant 提出"先验逻辑"的出发点是形式逻辑,他视之为一切正确思维方法不可或缺的基础。自 Aristotle 以来,形式逻辑就被区分为分析论和辩证论。所以,笔者将数学无限的"潜无限和实无限的辩证论"作为数学无限的第三大层次。

Kant 认为,如果追溯几何学的历史,那么最早是在古埃及人那里就已经出现了这方面的研究。但古埃及人只知道研究实际的感性图形,完全只依赖经验，结果研究来研究去，几何学却"长期一直停留在外围的探索中"。只是到了古代希腊，它才走上了科学的可靠道路。

Kant 写道："这一转变归功于一场革命，这场革命是某个个别人物在一次尝试中幸运地突发奇想而导致的。"这场革命的实质在于，不是对感性的图形进行单纯经验的观测，也不是离开感性直观作抽象的概念分析，而是通过追溯经验几何图形的作图法将它还原为先天直观中的空间关系，为这种关系找到和确立起严格规定的先天原则，从而说明和证明一切经验几何图形所具有的与先天原则相符的性质。Kant 认为，数学中这场思维方式的变革给数学这门学科带来的影响，比在航海中首次绕过好望角的创举还具有更重要得多的意义。

对数学无限的认识亦如此。在微积分发明之前，人们研究无限都只是停留在直观的层次，依赖经验判断。微积分的发明是对无限认识的一场革命，这场革命的实质在于，不是对无限逼近作经验的观测，也不是离开感性对数量关系作抽象分析，而是通过无穷逼近的过程将它还原为先天直观中的逼近量化关系。对无限认识的这场革命使人们的认识达到了一个新的高度，并第一次将无限数学形式化。

（3）数学发展史的依据

纵观数学史，无限始终伴随着数学的发展而发展。古典数学源于生产实践，古埃及尼罗河的定期泛滥发展了劳动人民的几何学知识。数学无限的认识也源于实践中对时空的朴素认识。

在古巴比伦和古埃及两个文明中，巴比伦人是首先对数学主流作出贡献的。对自然数的无限直觉认识使他们对整数和分数发明了系统的写法，这使他们能把算术推进到相当高的程度，并用之于解决许多实际问题特别是天文上的问题。

诚然，早在希腊时代以前，数学作为一门学科就已经达到了一个相当先进的水平，然而，印度、中国、巴比伦和埃及的古代数学仅仅局限于日常生活中的实际问题，例如面积、体积、重量和时间的测量。在这样一个系统中，没有像无穷大这种玄虚概念的存在空间。这是因为日常生活中没有什么东西直接与无穷大打交道。无穷大只有等待数学从一个严格的实用学科转化成一个智力学科。所以，希腊人最先认识到无穷大的存在是数学的一个中心问题。

自从 Aristotle 时代以来，数学家就已经认真地区别了潜无限和实无限。前者所涉及的过程可被一次一次地重复，但是它在任何给定的阶段所包括的重复次数仍然是有限的。自然数 1，2，3，…的集合是潜无限的，因为每一个自然数都有一个后继者，然而在计数过程的每一个阶段——无论这个阶段进展到何种程度，我们遇见的元素的数目仍然是有限的。从另一方面讲，实无限涉及到的过程在每个阶段上都已经得到了无穷次重复。数学家们当时愿意接受前一种无穷大，然而他们却无条件地排斥后者。Aristotle 本人在他的《物理学》一书中就说，"无穷大是一个潜在的存在……实无限将不存在。"而且，大约在 2000 年后，Gauss 在 1831 年给他的朋友 Schumacher 的信中表达了相同的观点："我必须强烈地反对你使用无穷大作为某种完善的东西，因为这在数学上是从来不允许的。无穷大只不过是一种讲话方式，……"极限概念自身也被认为是一种潜无限过程。Gauss 的陈述是对那些偶尔违反规则的人的指责，这种人在使用无穷大概念（甚至无穷大符号）时，以为无穷大仿佛是一个寻常数一样，也受相同算术规则的约束。Cantor 澄清了这些得到公认的观点。首先他把实无限作为一个完全有资格的数学事物接受下来，并且坚持认为一个集合（尤其是一个无穷集）必须被看作是一个总体，就象我们的大脑把一个物体看作是一个整体一样。这就相当于取消了潜无限和实无限之间的区别。

希腊人认识到了无穷大，但不是正视！希腊人离把无穷大纳入他们的数学系统仅差一步，而且要不是缺少合适的符号制，他们或许能够把微积分的发明提前约 2000 年。微积分是继 Eculid 的《几何原本》后的最伟大的发明，它的诞生在数学史上具有划时代的意义。其发展过程经历两个阶段：Newton—Leinbniz 对无穷小分析的阶段，Cauchy—Weierstrass 的严密系统化阶段。从而使人们对无穷大的认识上升到一个全新的高度。对无限的形式化认识是人们认识无限的第四大层次。

Cantor 的基数理论表明，不是只存在一个无穷大，而是有很多种类型的无穷大；这些种类在本质上互不相同，但在很大程度上也象寻常数一样可以进行比较。这种观点与当时流行的观点正好相反。换句话说，存在一种完整的无穷大谱系,而且在这个谱系中可以说出一些比其它无穷大更大的无穷大。超限基数和超限序数理论是对数学无限研究最深刻的理论,是对无限认识的一个巨大进步。并成为现代数学的基础。所以笔者将它作为对无限的最高层次认识,即第五层次认识。

2.4.4 层次划分

(1) 数学无限认识的金字塔结构图

根据以上划分依据,笔者将个体对无限的认识划分为以下5大层级,8个层次,称之为数学无限认识的"金字塔"结构图。(如图2-2)

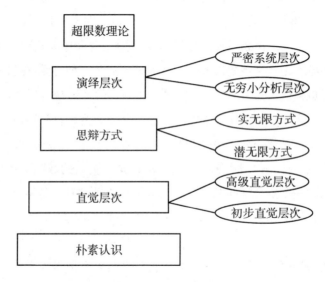

图2-2 数学无限认识的"金字塔"结构图

学生对无限的朴素认识是指学生能感悟无限,以时间下的默许空间模型(the tacit space model of time)思考无限过程,基本凭感觉和个体经验区分有限和无限。

初步直觉认识主要对数学概念中外显的数学无限的认识。表现为能应用运动和静止的观念区分常量和变量,能正确区别数学有限和无限;能分辨数字或图形的无限变化;不依赖于具体事物,初步形成无限的数学抽象。比如从自然数集中的"后续"变化认识到自然数集合的无限性,而不依靠数无限多个苹果来认识数学无限。初步直觉认识对无限大多停留在潜无限阶段。

高级直觉认识主要在初步直觉认识的基础上对数学概念中隐含的数学无限的认识，往往必须借助实无限才能认识到。表现为能认识到无限直觉的融合性（syncretic nature）；能将无限看作一个对象，而不仅仅看作过程；能从整体把握概念中的无限，而不仅仅看到局部性质。

潜无限是指用潜无限观点分析无限变化中变量之间的关系，将无限看作一个永远没有穷尽的，潜在的过程。这个过程中变量永远处在变化中，没有完竭。

实无限是指基于无限的隐喻将变量的无限变化过程看作一个现实的整体，将变量看作已经构造完成了的结果，把无限对象看成是可以自我完成的过程或无穷整体。比如无限集合的基数。

潜、实无限辩证分析是指将无限过程看作潜无限和实无限辩证结合的矛盾统一体，无限既是一个潜无限过程，又是一个实无限过程。一方面，无限过程是一个永远没有穷尽的潜在的过程；另一方面，无限结果是现实的整体，是已经构造完成的结果。潜无限是无限过程的外在表现，实无限是变化过程的内在结果。

演绎层次包括两个层次：无穷小分析层次、严密系统化层次。无穷小分析层次是指学生能运用经验、逻辑推理等方法区分无限趋近中变量和常数之间的关系。严密系统化层次即语言层次，指学生能理解语言的无限内涵，并运用语言分析极限。

超限数理论初步认识是指学生对超限数理论总体思想的认识，包括一一对应、基数、可数等概念的理解。

（2）各个层次之间的关系

总体上看，8个层次从低到高螺旋上升，各个层次之间有交叉，并无绝对界线，比如直觉认识就有潜无限直觉和实无限直觉的不同结果。因为每一个层次的侧重点不一样。直觉层次侧重于对无限的整体直觉认识；思辨方式侧重于潜无限或实无限分析下的不同分析结果，特别侧重于学生的实无限认识，因为 Nunea（1983，p.9）和 Tall（1999，p.8）均认为实无限的概念 15

岁前不能产生；演绎层次侧重于对无穷的数学形式化理解，主要侧重于对无穷小分析的理解；超限数理论初步认识侧重于对超限数思想的总体认识。但各个层次统一在对无限的辩证认识上，即个体对无限的固有的矛盾认识。Fschbein（1987，p.10）认为，Piaget研究儿童无限观念的问题在于，他们想将儿童无限观念看作层级化，在各个阶段之间具有内部一致性，然而，儿童掌握的无限观念具有内部矛盾性。Fischbein（2001，p.11）提出学生的无限和极限概念中的矛盾本质——"似是而非"作为他们的基本存在方式。如果承认无限直觉的固有矛盾性为心理事实，它的不稳定性就可以解释。

从哲学角度看，5个大的层次反映了个体的不同的认识形态，并组成一个有机系统。如图2-3：

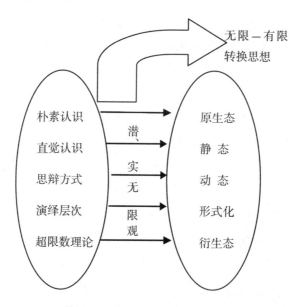

图2-3 无限认识的系统化分析图

5种认识形态由低到高发展，对应的无限认识层次也遵循由低到高的顺序。无限认识的基本出发点是承认潜、实无限的矛盾统一性。潜、实无限的矛盾统一是无限认识内部系统运行的推动剂，无限-有限转换思想是系统与外部联系的桥梁。系统内外良好沟通，形成了有机循环系统。

2.4.5 无限认识量表使用说明

笔者运用无限认识量表（附录一、二、三）分别对初三学生、高三学生、大二学生进行无限认识水平测试。量表是无限认识层次的标准尺度，笔者在每一认识层次里将作详细说明。这里笔者要强调以下几点：

（1）量表的相对性

对无限的认识是辩证思维层面，量表只能对无限认识作质性分析，不可能量化。所以量表得出的结果不可能绝对地反映学生的能力。事实上，笔者已发现，量表得出的学生的成绩和学生的常规数学考试成绩并不具有统计相关性。量表只能作为学生无限能力的一个参考，并不代表学生的其它方面。

（2）量表的使用范围

学生的无限认识能力具有年龄的阶段性，笔者编制的量表适用于初中以上的学生。Piaget 和 Fischbein 都认为，七、八岁以前的儿童不会形成无穷大的抽象化认识，并且，初三、高三、大二学生的量表都有所差别。

（3）量表的合理性

量表的题目均经过笔者精心挑选。朴素认识部分选取了日常常见现象以及脍炙人口的古代诗歌，数学认识部分主要来源于以下几个方面：部分来自中学数学中的起统领作用的数学概念如函数，单调性等，或重要基础数学定律如交换律等；部分题目涉及数学史上著名发现，如刘徽的"穷竭法"，促使微积分产生的"切线"，"曲边梯形"问题等；部分题目来自著名数学教育家实测的题目，如 Fischbein D，Tall 等。量表制作过程中广泛征求了导师、同行的意见，在经过正式试测的基础上作了较大修改。整个量表编制耗时近一年（2005 年 9 月 – 2006 年 8 月）。以上这些举措是为了尽可能使量表科学化、合理化。

（4）量表的使用价值

量表本身是学生在每个层次的认识标准尺度，整体上是对无限认识层次的揭示，体现了个体对无限认识的由低到高的螺旋上升过程。量表能够大体反映学生的无限认识水平、无限认识的薄弱环节，能够比较学生的无限认识差异性。

第三章

研究的设计与方法

本章将详细阐述研究的设计与展开过程,包括总体与样本的选取,研究工具的设计与使用,数据的收集、处理与分析,研究的优点和局限性。

受实际条件的限制和研究目的的制约,我选取的样本均是目的样本。

3.1 总体和样本

3.1.1 学校

受地域条件限制,我选取了上海曹杨二中附属学校、华东师范大学数学系和上海交通大学数学系作为我的主调查学校。后两所高校非常注重本科生的数学分析等基础学科的教学,都抽调了博导充实到本科教学第一线。之所以选取数学系学生,主要因为数学系注重极限的语言的教学,有利于无限认识的系统调查。值得一提的是,高三学生学习压力大,一般不便于作实证研究,笔者将9月份刚入校的大一新生看作高三学生,虽然他们经历了高考和2个月的暑假,也许社会心理与高三学生有所差别,但在数学知识理解上应该和高三学生相差无几。这两所重点大学数学系的大一新生和大二学生成为我的调查对象。特别指出的是,由于本实证研究跨度1年,最初选定的曹杨二中附属学校的初二学生已从初二升到初三。本文所列的初二或初三都指同一研究对象。以下不再说明。

按照 Piaget 的儿童智力发展理论,儿童发展是分阶段性的,儿童的智力在每个阶段中有一定的停留期，表现出一定的稳定性。13 岁被 Piaget 认为已经具备了类似成人的思维结构，称为形式运演阶段。众所周知，初二年级是初中的关键期，是学生最有可能产生两极分化的时期。所以我选取初二学生为"对无限的朴素认识和初步直觉认识"的主调查对象。大一新生（高三学生）为高级直觉认识的主调查对象。考察学生的无限的思辩方式是本研究的重点，所以初二和大一新生（高三学生）共同作为思辩方式的主调查对象。大二学生作为纵向对比调查对象。超限数理论初步主要调查大二学生，初二学生、高三学生作为纵向对比调查对象。具体安排如下：

表 3-1　不同研究主题的安排情况

	主要调查对象	纵向调查对象
朴素认识	初二（初三）学生	高三学生，大二学生
初步直觉认识	初二（初三）学生	高三学生，大二学生
高级直觉认识	高三学生	大二学生
思辩方式	初二（初三）学生，高三学生	大二学生
对极限的语言的认识	大二学生	
对集合论的初步认识	大二学生	初二（初三）学生，高三学生

3.1.2　学生和教师

我的总体样本人数是 500 人，包括 5 名小学生、233 名初三学生、195 名高三学生（大一学生）、67 名大二学生。曹杨二中初二年级的四个班都是我的实测对象，四个班不分快慢班，但学校有很多兴趣小组，大部分学生都参加了各种各样的兴趣小组。J 老师班级被选为本研究的重点调查对象。校长向我推荐这个班级的主要原因之一大概是 J 老师曾带过学校的数学奥赛兴趣小组，他的班应该比别的班对数学的兴趣更浓。在后来的调查中事实上也证明了这一点。初二年级的访谈对象主要来自该班级。华东师范大学 2006 级数学系新生，2005 级大二学生，上海交通大学 2006 级数学系新生，2005 级大二学生是我的研究对象，两校的教师都鼎力相助，这有助于学生对实证研究的重视，有助于笔者获取真实的测试结果。其中，华东师范大学2006级数学系01班是我的主测对象，大一新生（高三学生）的访谈对象均从该班级选取。

笔者还访谈了华东师范大学附属小学的5名小学一年级学生。

访谈教师主要是两位，初二年级的班主任经（J）老师、田（T）老师和大一的数学教授李（L）老师。J老师是一个很有教学经验的优秀教师，曾经主持数学奥赛。T老师是年级组长。都担任班主任多年。L老师是博导，带了3个博士，并给数学系本科生主讲数学分析，体现了学校对本科生基础课的重视。

3.2 研究工具

本研究主要通过以下两种研究工具来收集数据，即问卷调查和访谈。

3.2.1 问卷调查表

问卷调查表分别从无限的朴素认识、初步直觉认识、高级直觉认识、思辨方式、演绎层次，超限数理论初步认识6个层面设计题目。题目内容主要涉及三个方面，一是关于无限的数字化认识，二是关于无限的图形辨识，三是数字和图形的结合。题目设计宗旨是考察学生对无限的理解水平，但又不能雷同于学生做过的题目，否则影响量表的效度。

表3-2 问卷调查表的内容结构

	数字化认识	图形辨别	综合化
朴素认识			14
初步直觉认识	5	5	
高级直觉认识	6		4
思辨方式	3	5	
对极限的语言的认识		8	
对集合论的初步认识		2	1

表 3–3 问卷调查表的题目来源表

	日常所见和古诗	统领概念	著名发明	实测题目
朴素认识（一）	1–14 题			
初步直觉认识（二）		5, 6, 7, 9, 10 题		1, 2, 3, 4, 8 题
高级直觉认识（三）		1, 2, 3, 4, 5, 8, 9 题	6, 7, 10 题	
思辨方式（三）		1, 8 题	2, 3, 4, 5 题	6, 7 题
对极限的语言的认识（四）		1 题	2, 3, 4, 5, 6, 7, 8 题	

班主任或任课教师共同主持了学生的问卷调查。调查的一般程序是：

(1) 说明调查目的。目的是了解学生对无限的认识情况，不是评价学习的好与坏，不打分，不排名，让学生解除心理负担，轻松上阵。

(2) 对学生不太熟悉的词语进行解释。比如，什么是"与无限有关"。

3.2.2 访谈

调查完成后，立即对学生的问卷进行分析，于当天或者最迟第二天，对学生进行访谈。访谈主要选取以下三类学生：一是得分较高的学生，想通过访谈，了解他们的思路；二是得分较低的学生，想通过访谈，了解他们错误理解的原因。三是得分处于中等的学生。想通过访谈确定他们的真实想法。

访谈前，一般制定访谈提纲。一个典型的访谈一般按以下程序进行：首先给学生说明访谈目的，希望学生放松，自由发表自己的看法。对于个别紧张的学生，往往先说些其他的事情，松弛一下学生的神经，然后再深入访谈。总共对 24 名学生进行了访谈，每个年级各选 8 名。

教师的访谈主要包括：其一，调查教师对数学概念隐含的无限的认识情况，了解学生答题背后的教学背景；其二，教师对相关概念如极限的 $\varepsilon-\delta$ 语言的重视程度和讲解思路。

对于所有的访谈，我都作了录音。由于调查学校的配合，访谈一般在一个相对安静的地方进行的，录音效果颇佳。

3.2.3 工具的试验

工具的试验是一个相当复杂的过程，因为工具的效度直接关系到研究结果的效度。先行性调查的对象包括36名华东师范大学广播学院的04级大一新生，以及10名同门师兄。问卷设计的过程也是一个不断完善的过程，笔者结合试测结果，广泛征求同仁和导师的意见，经多次修改和斟酌，问卷调查表才确定下来。

一般说来，凡是参加了先行性调查的学生，都不会再参加主调查或者纵向调查。

3.3 研究的具体问题

3.3.1 线索一的具体研究问题

调查学生对无限诸层次的认识状况时，分重点实证对象和非重点实证对象，从而对每个层次展开有针对性的实证研究（见表3-4）。

表3-4 各个层次实证对象分布表

	朴素认识	初步直觉认识	高级直觉认识	思辨方式	演绎层次	超限数理论初步
初三学生	重点	重点		非重点		
高三学生	非重点	非重点	重点	重点		
大二学生		非重点	非重点	非重点	重点	重点

3.3.2 线索二的具体研究问题

（1）调查初三学生对自然数、函数概念、平行线中的无限认识，调查初三学生对"实数与数轴上的点一一对应"的朴素理解。

（2）调查高三学生对函数单调性中的无限的认识。

(3) 调查大二学生对极限和定义的证明的理解、大二学生对超限数运算的理解。

为了更详细说明浩繁的实证研究,笔者还将在每一章节前详细说明本章节的实证研究情况。

3.4 数据收集,处理与分析

3.4.1 数据收集与评分

大一新生的测试在授课第一周紧张进行。初二学生一般选择下午第三节课,属于学生课外兴趣小组活动时间。由于学生和老师的配合,调查问卷的回收率接近百分之百(见附录)。

笔者对不同年龄学生的问卷调查表采取加权评分的办法评定学生的总分。(见3-5)具体分值见附录一、二、三。

表3-5 不同年龄学生的问卷调查表的加权评分系数分布

	朴素认识	初步直觉认识	高级直觉认识	思辨方式	演绎层次	超限数理论初步
初三学生	10%	45%		45%		
高三学生	10%	20%	35%	35%		
大二学生	10%	13%	13%	14%	30%	20%

注:思辨方式采用实无限思辨标准来计分。

3.4.2 数据的处理与分析

对于数据的处理与分析,主要采用定量的方法,将问卷得分输入数据库,通过SPSS软件,分析学生的答题状况。

笔者采取横向比较和纵向比较两种方式进行分析。以思辨方式为例子,横向比较的办法是,根据平均得分将初二学生的答题情况分A、B两个层次,分析两个层次的得分分布状况。

同时,在对初二学生,大一新生(高三),大二学生进行纵向比较的时候，由于样本发生了变化，所以，通过独立样本 t 检验，检验他们在同一无限层次上是否有显著性差异。

对教师访谈主要采取定性的研究方法，一般通过访谈以深入阐明教师对无限认识的发展历程。

3.5 研究的优点和局限性

本研究探讨学生对无限的认识，研究的优点在于系统研究学生的无限认识发展，样本的年龄跨度较大，便于作横向和纵向比较。在方法上，本研究与以前大多数的研究工作有三个主要不同之处：（1）更具有代表性——研究对象由处于特殊发展时期的初二学生，大一学生（高三），大二学生组成；（2）更具有系统性——考虑了学生整个发展时期，从小学，初中，高中到大学；（3）更具有层次性——考虑对无限的不同认识层次和水平，并对不同年龄学生的认识水平有了一个量的分析。

由于各种因素如时间，经费以及我个人的经历和知识的影响，本研究同其他研究一样，也存在局限性。比如高三学生的样本选取的是已经考上重点大学的数学系的学生，在他们的认识水平的基础上分析出的对无限的认识水平，不一定适用于其他非重点大学的非数学专业的学生。但是，从这点讲，数学系的学生容易出现的错误倾向对其他非数学专业的学生而言应该具有代表性。

最后，必须指出的是，本研究的数据是根据学生对问卷的得分而来的，而学生答题可能受很多因素的影响，从他们那里得到的结果仍只是关于学生当时答题的思考状况，他们有可能受某些知识或某些情绪的影响，不一定真实反映自己对无限的认识状况。在作调查研究时，我只能尽量减少，但永远不可能完全消除这样的影响。

第四章

研究结果（一）：朴素认识

实证说明：本章的主体实证研究对象是初三学生 233 名。对 233 名学生作问卷测试后（测试表见附录一），从中选出峰、德、昀、青、涵、涛、婷、珺 8 名学生，选择标准见 58 页的分析。他们分别代表 A、B 两个水平层次，并表示自愿参加我的实验。本章关注的主要问题是：

a) 初三学生朴素认识的心理模式特点如何？
b) 初三学生朴素认识是否存在个体差异性？

4.1 朴素认识是学生认识无限的开端

人人都对无限有认识和感悟。无论他从事什么职业，也无论学问高低，人人都有对无限的自发朴素认识。学生对无限的朴素认识从孩提时代开始慢慢形成，了解学生发源于生活经验的无限朴素认识对于研究学生的无限观具有不可或缺的作用。

学生的无限朴素认识可能从数数开始。为此，我访谈了一位小学一年级学生，他刚刚进入校园，对小学充满了新鲜感。

I：小朋友，你会数数吗？
S：会数。上小学考过了。
I：你认为数得完吗？
S：数不完。后面总有。

I：什么是"总有"？你怎么"数不完"？

S：后面比前面多一个。

……

学生凭借感官判定数的无限，"数不完"是学生对无限自然数的经验，"后面数比前面数多一个"是学生对自然数"后续"的朴素认识。这是学生对无限的最初感悟，形成了最初的潜无限。

从古代开始，人们一直在探求大数，发明了很多大数的表示方法和大数单位。Archimedes 曾在他的论文《计沙法》中写到：用我的方法可以表示出占地球那么大地方的沙子的数目，以及占据整个宇宙空间的沙子的总数。Archimedes 把天球和沙粒的大小相比，进行了一系列足以把小学生吓出梦魇来的运算，最后得出结论：很明显，在 Aristarchus（Archimedes 同时代的著名天文学家）所确定的天球内所能装填的沙子数目，不会超过一千万个第八阶单位。那么小学生最初对大数是如何认识的呢？

笔者对小学生访谈如下：

I：给你一堆沙子，你数得完吗？

S：太多了，数不完。

I：太多了是指沙子多了，还是时间花得太多？

S：都有，反正数不完，无穷无尽。

……

小学生认为自己数不出沙子的数目，无法操作，所以沙子的数目是无限的。这里的无限似乎有个体无法操作的涵义。不仅小学生这样认为，初二学生也不例外。笔者对 233 名初二学生作了如下调查：请在数轴上分别标记 10^{10}，一堆沙子的数目，无穷大。统计结果如下：

表 4-1 初二学生对、沙子、无穷大的标示情况表

	只标出 10^{10}，沙子	三项都标出	指出无穷大不能标
人数	100	94	39
总人数	233	233	233
所占百分比（%）	43.3	40.5	16.2

值得一提的是，三项都标出的 94 名学生中，有 56 人将沙子和无穷大标在一起。可见他们直觉上将沙子数目看作无穷，或者将无穷看作很大的数字。

小学生对自然数和无穷大的朴素认识反映了人类认识无限的开端，在对自然数无限的认识基础上，人类展开了对无限的一系列艰难探索，形成了系统化的、数学化的无限观。

4.2 朴素认识的标准尺度

朴素认识最重要的目的是区别有限和无限。笔者从以下几方面制定朴素认识的标准尺度：

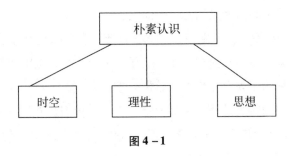

图 4-1

Leinbniz 认为，应确立只有理性才能把握普遍必然真理的唯理论观点。Kant 继承了这一观点。Leinbniz 不同于 Descartes 等人，他力图采取调和唯理论和经验论的途径来达到目的。在他看来，理性之所以是普遍必然真理的基础，是因为它本身并不是一块被动接受外界事物的"白板"，而是先天固有一些天赋的内在原则，不过这些原则并不是"自明地"、现成地存在于心中，而是以潜能的形式、作为先天的必然联系而存在于后天形成的感觉经验中，并起着与这些感觉经验相适应的、但常常感觉不到的作用。

按照唯理论，"应有尽有"、"神秘的"、"超人的"不属于无限范畴，笔者将这三个概念放入问卷让学生辨别，希望学生能够理性地分辨无限，这亦是笔者厘定的朴素认识的标准之一。

Kant（转引，杨祖陶，p.14）认为，空间和时间不是一般的概念，而是感性的纯直观。Kant 的关于时空的纯粹直观性的观点除了否定一般意义上的概念外,主要从正面确定了时空的根本规定,即量的无限性。时空是量,因而它不是概念,而是直观。如"马"这个概念就包含无数匹具体的马,但这种包含关系只是把无数的马匹包含在马这个概念"之下",即无论有多少匹马,它们都具有"马"的共同特征,即"属于"马这个范畴,这一"类"。但"马"的概念并没有包含那些马匹的量,因而并没有把所有的马匹都包含在自身之内,它只是从各种马中抽象出来的某种共同的本质属性,而撇开了其它的规定性。相反,时空本身作为量,一开始就将它的每一个部分都包含在自身之中,而没有撇开任何东西,因为它的每一部分实质上不过是对单一的、均匀的时空的某种限制、分割。但既然一切具体的时空部分都是由对单一时空的"限制"得来,那么这个单一的时空本身,作为可加以限制的前提,就应当是"无限的"(即无限制的)了。

从算术角度说,时间是只有一个向量,这是一个先天综合判断,它使有规律的计数 1、2、3、……成为了可能,也使这种计数的无限进行下去有了可能。因而,算术也同几何学一样,既不依赖于经验,也不依赖于概念的分析,而惟一地依赖于先天纯粹直观形式,即时间。

时间的无限的特点是循环。笔者将"石头!剪刀!布!"、"周而复始"、"宇宙的"三个概念作为判定朴素认识的标准,主要源于时间的无限性。"永恒的"、"不断延续的"也含有时间无限的意义。

人是万物之灵,人的认识可以超越时空和地域。卢梭认为,把人和动物区别开的主要特点,与其说是理智,倒不如说是人的"自由主动者的资格"。自然支配一切动物,禽兽只能服从;人则不然,他虽也受自然的支配,但却认为自己有服从和反抗的自由,而且能够意识到这种自由。"人类智慧"、"取之不尽"、"挑战生命极限"是从人的能动性角度出发的无限。

"无边落木萧萧下,不尽长江滚滚来",

"念天地之悠悠,独怆然而泣下",

"此恨绵绵无绝期"是诗歌,是描写景物,然而其意境却是反映无限的。这是思想的无限性。

4.3 研究结果一：初三学生对无限的朴素认识

4.3.1 初三学生对无限的朴素认识的普遍状况

表 4-2 初三学生得分状况分析

	低分层	中等	高分层
分值	4，6，8，10，12	14，16	18，20，22，24
所占百分比（%）	20.0	35.5	44.5

SPSS 算出学生的平均得分为 16.05 分。说明初二学生对无限的朴素认识已经达到常规状态，学生基本能够辨别无限。这种朴素认识是无限观培养的基础，是不容忽视的。

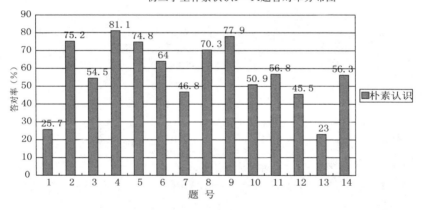

图 4-2

图 4-2 显示，得分率低于 60% 的题目有 1、3、7、10、11、12、13、14 共 8 道题。下面笔者对这个 8 题展开个案实证研究。

4.3.2 初三学生朴素认识的心理模式特点

实证研究：初三学生朴素认识特点探究

研究对象：峰、德、昀、青、涵、涛、婷、珺。

研究内容：针对 1、3、7、10、11、12、13、14 题请说出自己的答案，并说明理由。题目详见附录一（一）

研究形式：8 名被试逐一独立与主试交流，学生互相不受干扰。

表 4-3 初三学生朴素认识特点探究

	石头！剪刀！布！	应有尽有	神秘的	周而复始	挑战生命极限	无边落木萧萧下，不尽长江滚滚来	念天地之悠悠，独怆然而泣下。	此恨绵绵无绝期
峰	是，隐含一个循环没有底。	不是，"应该有"是有限的。	不是，因为神秘可以探究。	是，就像循环小数。	是，极限就是无限。	是，表示无限的意境。	是，天地是无限的。	是，"无尽"表示无穷无尽。
德	不是，感觉吧。	是，"尽"表示无穷无尽。	是，神秘看不见，无限也是看不见。	不是，没有无限的意义。	不是，生命是有限的。	不是，只是描写景物。	不是，没有无限的意思。	不是，总有结束时。
昀	不是，无限是看不见，摸不着的，这是看得见的。	不是，无限是不能穷尽的。	是，"神秘的"表示什么事都可以做。	是，永远没有结束。	是，生命的极限是无限的。	是，"无边"是夸张，但也是无限。	不是，描写了感受而已。	是，"无尽"就是没有尽头。
青	不是，感觉。	是，表示无穷无尽	不是，神秘不一定是无限的。比如一个洞很神秘。	不是，无限指时间空间无限，这里没有这个意思	不是，比如跑步，总不能无限快，有个限度。	是，有无限的涵义。	不是，不太懂诗的意思。	是，说的是无限。

续表

	石头！剪刀！布！	应有尽有	神秘的	周而复始	挑战生命极限	无边落木萧萧下，不尽长江滚滚来	念天地之悠悠，独怆然而泣下。	此恨绵绵无绝期
涵	不是，说不出理由，好像不是。	是，从文字判断，"尽"是无限的意思。	是，神秘的表示未知的，未知的就是无穷的。	不是，感觉吧。	是，不知道生命会发展到什么程度。	是，老师说描写了无限的意境。	不是，感觉不是说无限。	不是，感觉没有。
涛	不是，是一种说话的方式而已。	不是，表示有限的。	不是，神秘的代表有未知的东西。	是，隐含循环。	是，生命的极限是未知的。	不是，没有无边的落木。	不是，没有无限的涵义。	不是，凭直觉。
婷	不是，表示输赢而已，不表示无限。	是，从字面理解是无限的。	是，神秘的世界无穷无尽。	不是，感觉不是。	不是，生命是渺小的，极限谈不上。	不是，只是夸张手法。	是，天地是无限的。	不是，感觉吧。
珺	是，是个广告语，是个卖布的大卖场，表明无限大。	不是，表示可以穷尽的东西，而无限是不能穷尽的。	不是，神秘并不是无限的。	是，比如春夏秋冬的周而复始，表示没有止境。	是，谁也不知道生命的奥秘，所以生命的极限是无限的。	是，感觉说的是无限。	是，太空是宇宙，是无限的。	是，表示时间无穷无尽

分析：学生答案的正确与否不是笔者的关注焦点，笔者关心的是学生的答题理由。从学生丰富的谈话中，笔者总结初三学生朴素认识心理模式的三个特点：

第一，以时空无限为认知基础。

峰的"天地是无限的",珺的"太空是宇宙,是无限的"等,谈话中出现了大量类似的语句。他们对无限的认识首先源于时空无限,对时空的困惑是他们对无限朴素认识的源泉和动力。时空无限是认知基准。

第二,以生活经验为依据。

令人忍俊不禁的是珺将"石头、剪刀、布"看作无限大卖场的广告语,很多学生干脆用"感觉"作理由。表4-3中出现了大量从生活出发的理由。青的谈话里充满了日常例子,如"洞"、"跑步"等。生活经验是学生认识无限的依据。

第三,理解程度的个体差异性。

学生在访谈中表现出不同的理解水平。有的学生喜欢抠字眼,如不尽、极限、永恒、不断……,喜欢用字眼的无限涵义作为自己的判断理由。这是观察表面现象。但有的学生透过现象看本质,如峰用"隐含一个循环",涛"隐含循环……"来揭示无限的内涵。按照50页的加权平均法算出峰的总体无限量表得分24分,属于得分较高的学生。他的朴素认识更透彻。学生对无限的朴素认识的个体差异性体现在对无限的表面理解和本质理解两个层面。

值得一提的是,得分率最低的13题:念天地之悠悠,独怆然而泣下(23%)可能与学生的文学素养有关。很多学生没有从诗歌描述的意境中寻求数学无限。陈子昂的诗歌"前不见古人,后不见来者,念天地之悠悠,独怆然而泣下"在对景物的感叹中侧面反映了诗人对时空无限的思考和认识。由于科学知识的局限,文人对天地怀有强烈的神秘感,并传递了对无限时空的感叹。从数学上讲,可以将后一句诗看作数轴,诗人是原点,"古人"和"后人"分别是数轴的负方向和正方向,可以用无限延长的数轴将一首意境深远的诗歌形象地描述出来!

<<< 第四章 研究结果（一）：朴素认识

图4-2 初二和高三朴素认识答对率比较

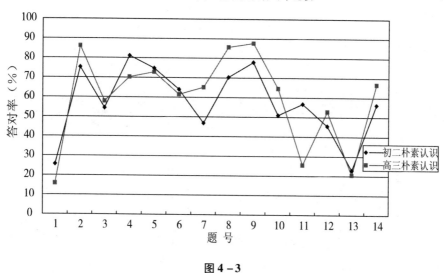

图 4-3

4.4 研究结果二：初三学生和高三学生的朴素认识没有显著性差异

由图4-3可以看出，初二和高三学生答题各有千秋，二者答题大致走向基本相同。看不出重要差别。因而需进一步作独立样本T检验。

表4-4 初二学生、高三学生独立样本T检验

	F	sig	t	df	Sig (2-tailed)	Mean difference	Std. error difference
方差相等	.574	.456	-.273	26	.787	-2.1714	7.9561
方差不等			-.273	24.442	.787	-2.1714	7.9561

从表中可以看出，T统计量的相伴概率0.787大于显著性水平0.05，不能拒绝T检验的零假设，即初二学生和高三学生的朴素认识不存在显著性差异。

为了进一步验证笔者的猜想，笔者对初二和大二学生作独立样本T-

检验。

表 4−5 初二、大二学生朴素认识独立样本 T−检验

	F	Sig	t	df	Sig (2-tailed)	Mean difference	std. error difference
方差相等	.504	.484	−.784	26	.440	−5.9000	7.5289
方差不等			−.784	25.309	.441	−5.9000	7.2528

从表 4−5 中可以看出，T 统计量的相伴概率 −0.784 大于显著性水平 0.05，不能拒绝 T 检验的零假设，即初二学生和大二学生的朴素认识不存在显著性差异。

统计结果说明，学生通过四年学习，年龄和数学知识增长了，但对无限的朴素认识变化不大。学生对无限的朴素认识和数学知识以及年龄并无显著关系。笔者分析原因有二：

第一，个体感官认知的定向性

无论是表面理解还是本质理解，都定位于个体对无限的感官认识，这种感官认识是学生内在的、固有的认识，是多年生活经验累积结果，和学生的数学知识的增长关系不大，是无限的认识本原。横向比较来看，感官认识存在个体差异性，和个体认识事物的角度、方式有关。

第二，心理模式的定向性

朴素认识的心理模式是以生活经验为判断依据。时间和空间的无限性，促使学生形成无限认知模式。模式一旦形成，很难改变。尽管数学知识增长了，年龄增加了，但学生对无限的朴素认识却没有较大改变。

4.5 小结

4.5.1 生活经验在一定程度上阻碍学生对数学无穷大的认识

生活经验成为学生判断无限的主要依据，时空无限是学生认识无限的基础。源于生活经验的自然数是学生认识数学无限的开端，在此基础上形成系

统化的、数学化的无限认识。生活经验的负作用就是对无限抽象认识的阻碍作用。数学无穷大不同于很大的数、任意大，教学中要克服学生的经验化倾向，正确认识数学无穷大概念。比如对数轴的认识，初中引入的数轴使学生第一次明确认识∞，实数用（-∞，+∞）来表示。如何让学生正确认识数轴，正确使用符号，应该成为教师关注的焦点。

但是，仅仅有生活经验是不够的。正如 kant 指出，埃及人只知道研究实际的感性图形，完全只依赖经验，结果研究来研究去，几何学"长期一直停留在外围的探索之中"。只是到了古代希腊，它才走上了科学的可靠道路。Kant 写道，"这一转变我看归功于一场革命，这场革命是某个个别人物在一次尝试中幸运地突发奇想而导致的。"这个人究竟是 Thales 还是其它什么人，都无关紧要，重要的是这个思维方式的革命本身。对无限的认识也要经历一场革命，微积分的发明无疑是一场无限认识的革命。如果人们仅仅停留在经验的层面，那么就不可能有无限认识的突飞猛进，不可能发明微积分、超限数理论，而后者成为了现代数学的基础。

4.5.2 高三学生和初三学生的朴素认识没有显著性差异

初三学生对无限的朴素认识已经达到了常规水平。学生基本能够辨别无限，这种朴素认识是无限观培养的基础，是不容忽视的。

学生通过四年学习，年龄和数学知识增长了，但对无限的朴素认识变化不大。学生对无限的朴素认识和数学知识以及年龄并无显著关系。除了主观因素，主要原因在于学生对无限的朴素认识是感官认识。

4.5.3 教学启示和建议

（1）从小学数数开始对学生进行无限启蒙教育

无限观培养应抓住契机，适时进行。教材编写首先在这方面应引起重视。从小学开始就应以数数为契机，进行无限观启蒙教育。抓住无限小数、无限循环小数，提高学生对无限的朴素认识水平。启发学生认识无穷大，形成对无穷的数学抽象认识。

（2）引入数轴的概念时关注学生经验的负作用

从小学到初中，学生的无限处于自然发展中，形成了基于生活经验的朴素认识。这种对经验的强烈依赖到了初中可能对学习负数、引入数轴产生负作用。初一年级的数学入门就面临对负数、数轴的理解和消化，也就面临对无穷大的认识。教师应了解学生的认知状况，采取适当的方式，减少学生经验的负作用，使学生正确认识数学无穷大。

第五章

研究结果（二）：直觉认知

实证说明：本章的主要研究对象是初三学生和高三学生。其中初级直觉认知的主要对象是初三学生233名，高级直觉认知的主要研究对象是高三学生195名。笔者分别对他们作了问卷测试，获取数据。根据他们的得分层次情况并结合他们的数学考试成绩，和班主任协商后，初三选出4男4女，他们分别是峰、德、昀、青、涵、涛、婷、珺，其中初级直觉认识A、B层次的各有4人（A、B层次划分见58页）。高三的个案研究对象包括杰、栋、宇、豪、芹、悦、硕、枫等8名同学，其中实无限思辩方式中的A、B层次的人各占一半（A、B层次划分见99页）。

本章研究的主要问题是：

a）初三学生的初级直觉认知具有怎样的心理倾向性？

b）学生的无限直觉认知具有怎样的年龄阶段性？

c）高三学生具有怎样的高级直觉认知特点？高三学生在平行线、单调性中的无限直觉是否具有个体差异性？

Kant（转引，杨祖陶，p.34）认为，感性认识就是直观，一种认识不管以什么方式和手段同对象发生关系，它借以同对象处于直接关系之中、且一切思维作为手段都以之为鹄的那种知识，就是直观。这个定义表明，直观是直接和对象发生关系的知识，是一切思维作为认识手段所获得的全部内容、材料和认识对象的惟一来源。直观认识的发生有两个条件：一个是必须要有对象作用于我们的感观，即只有在对象激动我们的心而被授予我们时，才能在我们心中产生直观；另一个是我们自己预先也要有一种认识能力，即接受感观刺激的能力，否则就象外部刺激碰在一块石头上一样，也不会有直观产生。Kant 认为，一切思维无论是直截了当还是转弯抹角，都必须借助于某些标志而最终与直观相关联。因为认识的对象不能以任何别的方式，而只能以感性直观的方式提供给我们的认识，人的思维能力有再大的本领，也不能单凭自身创造出这个对象或材料来。可见，直观一方面构成了人的全部认识能力、知性能力加工的材料，另一方面它本身也已经是一个经过主观的接受而加工了的产物，包含有外界刺激作用所构成的质料、内容以及主体接受能力所赋予的方式、形式两方面。

Descartes（1686，p.34）认为，思维只有两种方法，它们能使我们不必担心陷入谬误而获得知识，这就是：直觉和演绎。在《思维知识法则》中，Descartes 对直觉给予很高的评价：直觉是纯粹的专注的思维的可靠概念，它仅由理性之光产生，而且比演绎更可信一些。

学生对数学无限的直觉认知总是和相关数学概念相联，形成包含无限的特定的数学概念表象，然后从多个包含无限的数学概念表象中提炼出对无限的直觉认识。

对无限的直觉亦存在两种相互矛盾的方面：潜在的和实在的，因为人们总想将无限集合用作通常的与有限现实相符的逻辑方法。如果承认无限直觉的固有矛盾性为心理事实，它的不稳定性就可以解释（Ibid, 2003, p.3）。

直觉的矛盾性是笔者考察无限直觉的出发点。鉴于学生对潜无限直觉的自发性，笔者重点考察学生的实无限直觉。

5.1 初级直觉认知和高级直觉认知的内涵

由 kant 对直觉定义的两要素：直接与材料接触和对材料的加工能力，笔者定义初步直觉认知为：初步直觉认识主要对数学概念中外显的数学无限的认识。表现为能应用运动和静止的观念区分常量和变量；能正确区别数学有限和无限；能分辨数字或图形的无限变化；不依赖于具体事物，初步形成无限的数学抽象。比如从自然数集中的"后续"变化认识到自然数集合的无限性，而不依靠数无限多个苹果来认识数学无限。初步直觉认识对无限大多停留在潜无限阶段。

高级直觉认知主要在初步直觉认识的基础上对数学概念中隐含的数学无限的认识，表现为能认识到无限直觉的融合性（syncretic nature）；能将无限看作一个对象，而不仅仅看作过程；能从整体把握概念中的无限，而不仅仅看到局部性质。

高级直觉阶段学生往往既要借助潜无限又要借助实无限才能感知。

5.2 直觉认知的标准尺度

Leibniz（转引，杨祖陶，p.35）认为，理性的机能主要不在于把感觉材料变成概念，而在于依据自身的能力在获得普遍必然的知识上作出自己的贡献，这就是建立起感觉经验和实在世界所服从的必然规律。在建立必然规律时，理性并不以感觉经验为依据，但离开了感觉经验也无法想到它们。理性必须凭感觉经验提供的机缘，集中注意力，反省内心，才能发现这些规律。

对于接受了 9 年义务教育的初中生而言，数学无限直觉应该达到什么标准？应该反映在哪些方面？笔者以为主要反映在数的无限和形的无限两方面。

小数 1.4，1.41，1.414，1.4142……都是 $\sqrt{2}$ 的有理逼近，只是精确度在不断提高。因此，工程师很少能够关心一个物体的长度是有理数还是无理数，因为即使该长度是无理数（如单位正方形的对角线），他在任何情况下也只能以有限的精确度对其进行测量，因为所有的测量装置都具有不完美性。我们开始研究 Cantor 关于无穷大的革命思想时，我们必须牢记这些事实，因为数的概念的理论方面，而不是实用方面，才是这场革命的基础。因此，笔者关注数学上理论意义上的无穷大。"任意大"、"非常非常小的数"是和"无穷大"有区别的。归根结底，它们都只是实在的数字，尽管可能很大很大，或很小很小。任意大可以大于任何数，但无论多么大，只能说它接近于无穷大。从某种意义上说，无穷大根本不是一个数，而是一个概念。数学上常用∞表示无穷大,但它并不是一个有精确定义的符号,人们只是借用它来表示一个变量 x 无限增大的意思,简记作 x→∞。这一点很重要,有了这个概念,无限小作为无穷大变量的倒数就有了定义,从而就能有极限理论,为微积分学建立基础。

数的无穷是学生应该掌握的基本无穷直觉能力。所以,笔者将"全体自然数"、"有理数 $\frac{1}{3}$ 的小数表示式"、"无理数 $\sqrt{2}$"列为考察之列。虽然人不能穷尽所有自然数、$\frac{1}{3}$ 的循环列、$\sqrt{2}$ 的精确度,但思维可以直觉到它们的无穷。

众所周之,Eulicd 的《几何原本》是逻辑演绎体系的典范,其中的平行公设 2000 多年来,一直引起人们的争议。"两直线平行"中的无限性是学生必须意识到的直觉无限。"射线"、"圆周上的点"、"平面"、"无论多么逼近,却永远不相切也不相交"亦是欧氏几何的基本概念,其中的无限思想反映了欧氏几何的精髓——它是研究理论意义上的点、线、面,而不是现实意义中的实物。

总之,初级直觉认识标准表现为两个方面(图 5-1):

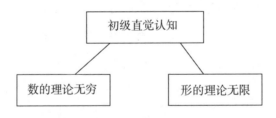

图 5-1 初级直觉认知标准示意图

高级直觉认识涉及对更多、更具体的中学数学概念的认识。中学数学教材中出现了很多数学概念,其中隐含了无限思想。但首先还是区别有限和无限的问题。"n!"、"数列的前 n 项和"虽然这里 n 可以取任意大、要多大有多大,但这两个表述仍然不代表无限,而应该代表有限数。

与自然数有关的"数列"、"数学归纳法"是隐含无穷的概念和法则。"交换律"是对所有实数而言,因而也是无限的。

"函数"是中学数学的核心概念,理解函数概念至关重要。函数及其相关性质中的无限性是学生容易忽视的地方,并阻碍学生更好地理解函数概念。"函数"、"单调性"、"奇偶性"、"周期性"也是学生应该重点掌握的无限直觉。

解析几何中的"渐近线"是无限延长却与曲线不相交的直线,对曲线有限定范围的作用。故也是必须知晓的无限直觉。

5.3 研究结果一:初三学生的初级直觉认知

5.3.1 初三学生的初级直觉认知的大体得分状况分析

SPSS统计结果表明学生的平均得分11.61分,所以笔者以12分为界,将初三学生的初级直觉认识分为两个层次:A层次、B层次。

表5-1 初三学生初步直觉认识得分分析表

	层次A(得分低于或等于12)	层次B(得分高于12)
人数	145	78
总人数	223	223
所占百分比(%)	65.0	35.0

从而笔者根据表5-1,以12分为界线,将学生分成A、B两个水平层次。并依据这个标准选出实证研究的8名学生峰、德、昀、青、涵、涛、婷、珺。其中A、B层次学生各4人。

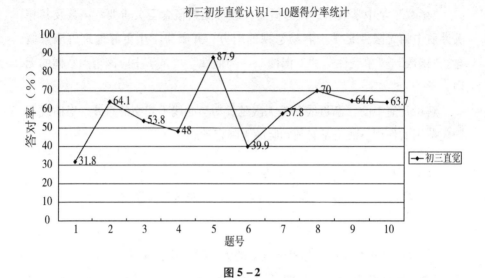

图 5-2

从图 5-2 看出,回答较差的有 1 题(任意大),6 题(平面),4 题(有理数的小数表示)。以下笔者主要就这三个问题分析学生的无限直觉认知特点。

5.3.2 初三学生容易出现无限直觉的经验化心理趋向

(1) 三个问题的诠释

数学定义是一回事,直觉又是另一回事。

学生将无限看作一个和其它数字一样可以加、减、乘、除的数字,他的认知系统中包含有方向不同的正无穷大和负无穷大。很多学生将无穷大理解为一个很大的数(DvidTall, 2002, p.15)。什么是数学中的无穷大?数学中为了表达无穷大的性质,提出一个"任意大"术语,然而,"任意大"总是有限的,任意大还不是无穷大,它们有着本质的差异。数学家对无限的认识也是经历从任意大数到无穷大概念的,古代人对无限的认识从有限数字开始。有不少探险家证实,在某些原始部族里,不存在比 3 大的数字。如果问他们当中的一个人有几个儿子,或杀死过多少敌人,那么,要是这个数字大于三,他就会回答说:"许多个"。西方世界能说出的最大数——古戈尔(Gogol)可表达为 10^{100},然而,10^{101} 比它还大,我们还可以写出更大的数

$10^{10^{10^{10}}}$ 来，"尽管这些数很大，但它们与无穷大并无关系。事实上，无穷大距古戈尔与距 1 一样遥远。如果一个变量能变得大于任何有限数，那么，无论它有多大，只能说它接近于无穷大，不能说它等于无穷大"。数轴上虽然有无穷大的身影，但无穷大不是实数系统中的一部分。无穷大根本就不是数，而是一个概念。不能在与数值相同的意义上把它与实数联系起来。在数学中，符号 $[-\infty, +\infty]$、$(-\infty, +\infty)$ 与 $[-\infty, +\infty)$ 都是错误的。无穷大的比较标准和过程的难以消除，使个体不能保持达到新的内部对象阶段所需要的数量守恒（Piaget，1952，p.21）。正如一名初二学生在日记中写到，……无限一词并不仅表示数学中不可计算的数字，他更代表着一种妙不可言的思想……。

在《几何原本》中，平面是与其上的直线看齐的面，直线是无限延长的。数学上的平面也应是无限。数学的平面概念是生活中有限平面的抽象，是无限延展的。

$1 = 0.999\cdots$ 是否成立？历来争议热烈。$\frac{1}{3}$ 的小数表示是否是无限与之有异曲同工之意。

（2）实证研究

让 8 名学生峰、德、昀、青、涵、涛、婷、珺分别独立回答："任意大"、"平面"、"$\frac{1}{3}$ 的小数表示式"是否和"无限"有关，并说明理由。全程录音并记录（见表 5-2）。

表 5-2 初三学生初级直觉认识实证研究

	任意大	平面	$\frac{1}{3}$ 的小数表示
峰	不是，任意大是有限的，比任意一个数都大。	有关，平面无限延展。	是，无限循环小数
德	是，任意大是要多大有多大。	无关，平面是有边界的吧。	不是，$\frac{1}{3}$ 可以在数轴上标记
昀	是，表示无限大下去。	无关，平面好像有大小、宽度吧。	不是，$\frac{1}{3}$ 是有限的。

续表

	任意大	平面	$\frac{1}{3}$的小数表示
青	是，可能是想怎么大就怎么大吧	不是，平面有范围、边。	不是，$\frac{1}{3}$是有限的。
涵	当然表示无限，任意大就是没有限制的大	我原来选择不是，现在感觉应该是无限的，因为直线是无限的，平面上有直线吧。	是，无限循环小数。$\frac{1}{3}=0.333\cdots\cdots$
涛	表示无限，任意大不是任意数，应该是表示无穷	是，平面没有边界。	是，无限循环小数。
婷	是无限，我的理解就是无穷大。	不是，平面有边界。	不是，$\frac{1}{3}$是有限的。
珺	不是，你很大，我比你总是大。有和一个数比较的涵义。	有关，平面是无穷无尽。	是，无限循环。

(3) 分析

· 任意大

8位被试中有6位答案是"是无穷大"，另两位同学峰和珺的语句中不约而同出现了"数的比较"，能够区分很大数和无穷大。其它同学没有作这样的比较。6位学生似乎对"任意大"有经验化心理倾向性，没有形成无穷大的抽象。

· 平面

有5位同学提到了"边界"或类似的语句。说明学生对平面有明显的经验取向。也许他们看到平面马上联系到黑板面、桌面。说明部分初中生对平面的认识只是停留在经验层面，还没有抽象化。

笔者还访谈了他们的教师J。

I：您认为初中生如何认识平面？

J：对平面没有正确的概念。

I：为什么？他们不也知道直线是无限延长的吗？

J：但他们所接触的平面是有限的。比如桌子，比如黑板。

I：为什么强调直线无限延长，对平面却没有强调？

J：没有那个必要。因为没有去研究平面，也没有平面的观念。

说明初三学生对平面的认识有生活经验化趋向，没有完全上升到数学抽象化层面。

- $\frac{1}{3}$ 的小数表示

有 4 人提到 $\frac{1}{3}$ 是有限的。似乎影响学生心理趋向的是等式 $\frac{1}{3} = 0.33$ ……。一方面，学生对 $\frac{1}{3}$ 是有限数字，并且能在数轴上表示毫不怀疑，另一方面，学生对无限小数 0.333……是否能表示在数轴上却感到怀疑。似乎数轴标记的都是精确点。从这个矛盾方面讲，学生对 $\frac{1}{3}$ 的小数表示是否无限存在心理困惑，心理难以接受。对 1 = 0.999…也存在同样的困惑。$\frac{1}{3}$ 的小数表示受经验化趋向影响。

Fischbein（1998）指出学生的心理行为先于教学行为，看到 0.333……数轴上有准确点，学生有点抵触。学生无法从数字转向几何，所以对等式的困惑实质是内部心理矛盾的外部表现。这种心理矛盾要追溯到对无限理解的心理矛盾。一方面，个体承认无限的抽象性，另一方面，却总想找到一个无限的现实支撑，比如几何表示。结果得不到满足，于是个体心理就产生怀疑，造成理解上的困难（Monaghan, 2001, p.12）。

综上所述，部分初三学生对无穷大、平面存在经验化心理趋向，还没有上升到抽象化层面。对 $\frac{1}{3}$ 的小数表示存在心理上的困惑，受经验化趋向影响。初三学生的初级直觉认知具有经验化心理趋向的特征。

5.3.3 初三学生直觉认知水平与数学成绩的相关性

笔者选取了初三学生上学期其中考试成绩作为参照，用二元定距变量的相关分析，计算出二者的 Pearson 简单相关系数。检验学生的直觉得分和考试成绩的相关性如下：

表5-3 初三学生直觉得分和考试成绩的相关性检验

		直觉	考试
直觉	Pearson Correlation	1	-.002
	Sig. (2-tailed)		.974
	N	223	223
考试	Pearson Correlation	-.002	1
	Sig. (2-tailed)	.974	
	N	223	223

从表5-3看出，直觉认识和考试成绩的Pearson相关系数为-0.002，统计检验的相伴概率为0.974，大于显著性水平0.05，所以不能拒绝原假设，认为直觉认识得分和考试成绩没有显著相关性。值得一提的是，直觉的主要特征是它的融合性和不证自明。直觉是检验个体对知识的理解程度，与教学大纲要求的考试是两个截然不同的测试途径。

Fischbein（1979）认为，无限直觉受每一个智力发展阶段的基本智力方式影响。然而，这不能消去作为直觉的特殊性。无限直觉意指我们所真正感知的正确的或不证自明的方面，而不是接受逻辑的、清晰的分析结果。并指出，无限的概念可以通过指导过程得到发展，然而，无限的直觉从12岁开始就相当稳定，基本不变。

5.4 研究结果二：高三学生的高级直觉认知

5.4.1 高三学生高级直觉认知现状分析

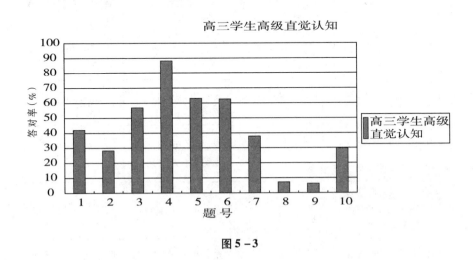

图 5-3

从图 5-3 可以看出，总体来说，高三学生对显含无限的数学概念答对率较高，对隐含无限的数学概念的无限普遍认识不足。答对率低于 50% 的题目有题 1、2、7、8、9、10，几乎全部是隐含无限的数学概念，或容易引起学生歧义的数学概念。高三学生对数学概念的无限的深层次思考欠缺。题 1 （函数）、题 2 （单调性）笔者将专题讨论。笔者主要针对题 7、8、9、10 题展开个案研究。

5.4.2 实证研究

研究对象：高三学生杰、栋、宇、豪、芹、悦、硕、枫等 8 位学生

研究内容：奇偶性、交换律、n!、数列的前 n 项和

研究形式：依次回答问题：你认为"奇偶性、交换律、n!、数列的前 n 项和"与无限有关吗？请说明理由。结果统计如下：

表5-4 高三学生高级直觉认识实证研究

	奇偶性	交换律	n!	数列前n项和
杰	是，必须对任意x，满足f(-x)=f(x)，或f(-x)=-f(x)	是，比如实数内必须任意m,n满足m+n=n+m	不是，n是有限的涵义。	不是，表示有限项的和。
栋	不是，没有提到无限	不是，没有联想到无限	是，n可以无穷大。	是，n可以无穷大。
宇	不是，是函数的性质	不是，从来没有提无限	不是，n无论多大都是有限的。	是，n可以取无穷。
豪	不是，与无限无关	不是，与无限无关	是，n可以取无穷。	是，n是无限的。
芹	不是，不是关于无限的性质	不是，交换律是法则，与无限无关	是，n可以取无穷。	是，n可以任意取，是无限。
悦	不是，是研究函数图像的性质，没有无限	不是，交换律没有提到无限	是，n是无限的。	是，n可以无穷大。
硕	不是，函数图像的对称性	不是，感觉与无限无关	是，n可以任意取，是无限。	是，n可以取无穷。
枫	不是，与无限无关	不是，感觉与无限无关	不是，这里涵义是有限的。	不是，表示有限和，不是无限和。

分析：对于"奇偶性"、"交换律"出现最多的理由是他们分别是函数的性质、法则，似乎与无限不沾边；对于"n!、数列的前n项和"的理由聚焦于n的意见分歧。总体讲，高三学生不容易直觉数学概念中隐含的无限，学生更多关注的是概念的操作性涵义，如交换律的m+n=n+m，忽视了概念中的无限。另一方面，由于"奇偶性"、"交换律"中的无限不同于"一尺之棰，日取其半，万世不竭"中的潜无限，代表已经构造完成的实无限，具有隐蔽性，学生更容易忽视。只有采用整体认知的"实无限"方式才有利于学生识别数学概念背后隐藏的实无限。

5.5 研究结果三：学生直觉认知的年龄阶段性

5.5.1 小学生的无限直觉认识

按照 Piaget 的观点，7～10 岁（小学阶段）儿童表现出来的运算还无法脱离客体在头脑中独立进行，常常要依靠物体、图形等，并喜欢动手操作。而到了 11～16 岁（初中阶段）逐步具备了类似成人的思维结构，有能力处理假设，而不是单纯处理客体。学生能够认识、提出命题这种思维对象，能够从假设来考虑问题，从假设推导结论。

小学生只能从 3 个苹果中抽象出"3"这个数字，因为"3"有现实依托。但小学生无法获得"无穷大"概念，因为他无法找到现实依托。无限直觉认识必须等到学生智力发展到一定程度才可以达到。

笔者对小学生 Z 作了访谈，Z 是五年级的学生，在班上成绩中等偏上，老师对她的评价是思维比较灵活，但学习不够刻苦、主动。

I：你见过的最大数是多少？

Z：是亿，不对，是光年吧？

I：那是长度单位，我不是问长度单位，是数字。

Z：最大数？很大很大吧，好像没见过……

Z：没有最大数吧

I：是老师说的？还是你自己想的？

Z：不记得了，我自己想的吧。

I：听说过无穷大吗？

Z：是要多大有多大的数吗？比天还大吗？没有，不知道

I：对，是要多大有多大，你能想象出来吗？

Z：不能，存在那样的数吗？

……

小学生对"无穷大"的置疑反映出她对无限的认识程度，现实依托是学生思维方式的重要方面，无穷大缺乏实在的现实参照。所以一般而言，小学

生是无法理解"无穷大"的,应该到了初中阶段,学生才具备理解"无穷大"的智力结构。当然,也不排除个别优秀学生智力超前的特殊情形。

5.5.2 初中生与高中生初步直觉认识比较

(1) 初三和高三学生初步直觉认识存在显著差异

表5-5 初三、高三初步直觉层次得分独立样本t-检验

	F	Sig.	t	Df	Sig.(2-tailed)	Mean difference	Std. Error difference
方差齐性	4.789	0.029	-6.979	419	.000	-2.211	.317
方差不齐			-7.039	415.910	.000	-2.211	.314

表5-5显示,233名初三学生和195名高三学生独立样本t-检验的伴随概率0.000小于显著性水平0.05,因而拒绝原假设,认为233名高三学生和195名初三学生在直觉层次上存在显著差异。

笔者进一步比较二者的得分分布情况:

表5-6 高三学生初步直觉层次得分分布表

	低分层	中等层	高分层
分值	4,6,8分	10,12,14分	16,18分
所占百分比(%)	7.6	48.8	43.6

表5-7 初三学生初步直觉层次得分分布表

	低分层	中等层	高分层
分值	2,4,6,8分	10,12,14分	16,18,20分
所占百分比(%)	23.3	56.9	19.8

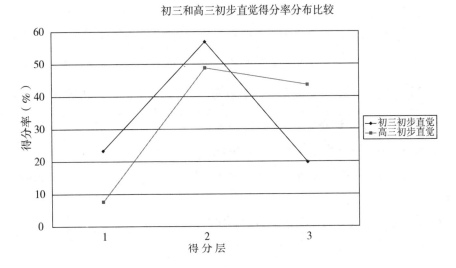

图 5-4

高三学生平均得分 13.83 分，较初三学生平均分 11.61 分高 2.22 分。平均分数的差距不是很大，但图 5-4 表明，分数分布差距很大。具体表现在高分层人数明显增加，低分层人数和中层人数明显减少。

(2) 初三和高三学生初步直觉认识存在显著差异原因分析

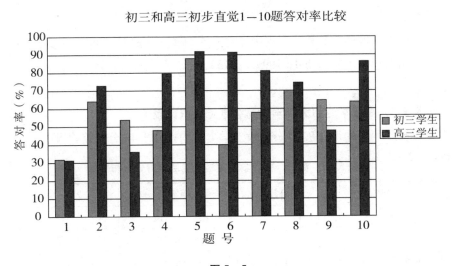

图 5-5

图 5-5 表明，差别最大的是题 6（平面），原因正如笔者 5.3 所述。高三学生虽然没有具体学习平面的无限性，但立体几何中反复强调直线和平面的关系无疑让学生明白了平面的无限性。这是知识积累的作用。其次是题 4（有理数 $\frac{1}{3}$ 的小数表示）。最后，笔者针对题 7（圆周上的点）和题 10（全体自然数）作如下实证研究。

研究对象：初三学生涵和高三学生栋

研究内容："圆周上的点"和"全体自然数"中是否含有无限？并说明理由

研究形式：和笔者单独讨论，然后作对比研究

研究结果：

表 5-8　初三、高三学生初级直觉认识对比研究

	"圆周上的点"是否含有无限	"全体自然数"是否含无限
初三涵	无关，让我想想，好像有关，点无限多，是我弄错了。	无关，是一个整体，它说"全体"。
高三栋	有关，圆周上的点无限多	有关，从生成过程看无限。

分析：初三学生容易从字面理解，容易望文生义。

高三学生倾向于分析，表现出思考方式的多元化趋势。问题的关键是你用什么方式思考无限（Ibid, 1999, p. 13）。

5.5.3　高三学生和大二学生高级直觉认识比较

高三学生平均得分 9.20 分，大二学生平均得分 9.47 分。差异很小。

表 5-9　高三、大二学生高级直觉层次得分分布表

	低分层	中等层	高分层
分值	2, 4, 6, 8 分	10, 12, 14 分	16, 18 分
高三所占百分比（%）	49.1	46.7	4.2
大二所占百分比（%）	36.7	60.4	2.9

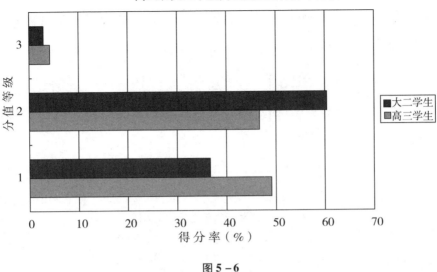

图 5-6

从表 5-9 和图 5-6 看出，大二学生高分层甚至还不如高三学生，二者差异不明显。

表 5-10　高三、大二学生高级直觉得分独立样本 t-检验

	F	Sig.	t	Df	Sig. (2-tailed)	Mean difference	Std. Error difference
方差齐性	.025	.874	-.631	261	.528	-.271	.428
方差不齐			-.626	115.161	.533	-.271	.432

F 值的伴随概率 0.874，大于显著水平 0.05，不能拒绝两总体方差无显著差异的假设。看表中的第 1 行 t 值的伴随概率为 0.528，大于显著性水平 0.05，也不能拒绝两总体无显著差异的假设。因而高三学生和大二学生的高级直觉认识无显著差异。Fischbein（1979）认为，接受无限的定义、定理和逻辑推断是一回事，在各种真实的、心理情境中思考，解释无限又是另一回事。Fischbein 曾作了测试表明，5 至 7 岁的进步可能由于年龄和教学影响，但是，教学不能解释的是，从 7 到 9 岁却总体没有这样的进步。总的来说，涉及无限直觉，只是在 11 到 12 岁获得进步，而且只针对部分问题。也就是说，学生对无限直觉的进步是有年龄阶段限制的，11、12 岁是学生无限直觉

形成的最佳时机。初三到高三整个阶段是学生无限直觉认识的飞跃发展阶段，到了高三阶段基本稳定。高三以后，学生的无限直觉认识并没有显著改变（见图5-7）。

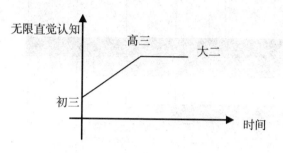

图5-7 学生无限直觉认知走势图

5.6 研究结果四：学生对涉及无限的数学概念的直觉认知

5.6.1 初三学生对平行线的理解

Kant认为，几何学是关于空间的各种属性的一门科学，但它不是经验地确定这些属性，而是先天地对此加以确定；它也不是通过概念的分析来确定，而是在直观中综合地（通过对空间的量加以各种方式的限制）确定。所以，对平行线的理解成为笔者关注的一个话题。

（1）形的无穷大展示

·平行线

平行线无限延长，平行线在无穷远相交，这属于无穷大范畴。正如 Morgenstem 的诗歌所言：

两条平行线

Morgenstem (1871~1914)

两个相似的伟人,
从坚实的房间飞出,
飞向无限,
那是两个坚定的灵魂。

他们彼此不愿相近,
直至生命终结;
两人骄傲与专横,
虽然不易察觉。

当他们彼此相伴,
遨游十个光年;
对这对寂寞的伙伴,尘世已无意义可言。

他们还是平行的吗?
他们自己也不知道。
他们像两个灵魂,
一起飞过永恒的光。

这永恒的光穿过他们的身躯,
他们在永恒的光中融为一体;
永恒使他们交织,
如同两个天使。

这正说明了对无限的解释依赖于我们的解释方式,而不是绝对真实形式。

· 雪花曲线

笔者给初二的66名学生展示了雪花曲线(如图5-8),让学生在动画中感受图形无穷的魅力。雪花曲线由瑞典数学家 helgevon koch 1906年想出,是一条处处连续,处处是尖点,无切线,周长为无穷大,但又能围住有限面积的闭曲线。理论上说,图形可以无限生成,即周长无限。

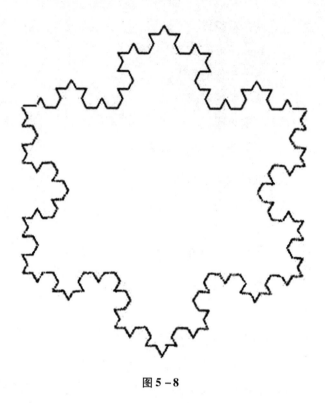

图 5-8

(2) 初三学生对平行线的无限直觉

·平行线的定义

我国最早的论述科学的书籍之一《墨经》中（约成书于公元前 4 世纪）便载有几何上的平行线的定义，如，平行线（平面）的定义是："平，同高也"。

《几何原本》对平行线的定义是：平行直线是同一平面内往两个方向无限延长后，在两个方向上都不会相交的直线。

引起人们的极大兴趣，并最终产生非欧几何的契机是平行公设。它的特点是不以"平行线唯一"的形式表达平行公理，而表之以公设 V：一条直线与二直线相截，如果截出的某一侧的两内角和小于二直角，此二直线必相交，且交于同侧两内角和小于二直角的那一侧。

新《几何原本》把《原本》中的第 V 公设，换成和它等价的、由 Playfair (1748~1819) 提出的平行公理，即沿袭至今日课本中平行公理：过直线外一点,有且只有一条直线,和原直线平行。

·实证研究:

研究题目:铁轨是平行线吗?

研究对象:峰、德、昀、青、涵、涛、婷、珺8位学生

研究形式:笔者指导下集体讨论。并作录音

主试:铁轨是平行线吗?

德:是平行线,因为两条轨道不相交

青:不是平行线,因为铁轨是曲线。

婷:有可能是平行线也有可能不是,不是曲线的部分是平行线。

峰:地球上的线都是曲线,不可能是直线,铁轨是平行线,假如无限延长,在无穷远相交于一点.

珺:不是,我们讲的平行都是平面上的直线。在同一个平面内,不相交的两条直线叫平行线。

峰:(激烈反驳)空间曲线也可以定义平行线。在罗氏几何中,不存在平行线,在黎曼几何中,永远不平行,在欧氏几何中,平行线是指没有交点。

(唏嘘称赞之声顿起)

青(问峰):平行线为什么在无穷远相交?

峰:所谓无穷远,应该是一个最远的位置,当然是一个点,所以相交。

涛:铁轨是平行线。铁轨如果不平行,就会出问题了。

涵:是平行线。用第三条曲线去截得的同位角相等,所以铁轨平行。

峰:(反驳)曲线不可以这样证明,那是欧氏几何的定理。

昀:铁轨不是平行线。假如铁轨是环形的,就成了两个圆。两个圆是平行的吗?

……

主试:大家今天讨论得很好,下去可以进一步讨论。有什么想法可以和我谈。

分析:8位学生对问题的观点分为两类,一类以峰为代表,铁轨是平行线。理由是"地球上的线都是曲线,铁轨不相交",并指出"假如无限延

长……",紧紧抓住平行线的无限性;另一类认为铁轨不是平行线,理由是直线才讲平行线。没有明显提到平行线的无限性。

平行线是无限延长的,是学生无法亲身经验的。学生对平行线的无限直觉有个体差异性、多样性。"铁轨是否平行"这个问题折射出学生对平行线的无限直觉能力的差异性。按照个体学习的认知弹性理论,学习者学习结构不良领域知识时,应采取灵活的、多元的方式。峰属于课外知识丰富、分析能力强的学生,他的无限量表总体得分24分居于高分层,对平行线的无限直觉能力较强,对平行线能清晰地分类考虑,实属不易。能否抓住平行线的"无限延长"是理解平行线的关键。鉴于平行线在几何发展中的特殊作用,对平行线的无限直觉能力大小折射出学生思维的深浅。学生对平行线的无限直觉存在相当大的个体差异性。

(3)对初三平行线判定定理中无限-有限转换思想认识的一点调查

众所周知,"同位角相等,则两直线平行"是两直线平行的判定定理。但为什么会用"角相等"来判定"直线平行"?《几何原本》的第Ⅴ公设也是用"角"来描述平行公设。这里涉及无限和有限的关系。正是因为平行线的"无限延长"是人们无法直接感知的,所以不能直接研究两直线平行,只能通过第三条直线相交后所得的同位角是否相等来判定。这种方法将"无限延长"的问题转化为"有限的等角"问题,体现了无限和有限的内在关联(如图5-9)。

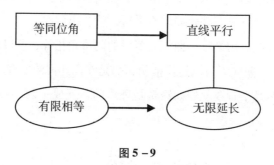

图5-9

平行线判定定理的无限-有限转换思想已经上升到数学哲学层面,笔者估计一般学生甚至教师都很少思考这个问题。为此,笔者对峰、德、昀、青、涵、涛、婷、珺8名学生作了一个简短的情况调查:

主试:"同位角相等,则两直线平行"、"内错角相等,则两直线平行"、"三角形内角和等于180度"这三个定理,哪一个最先给出,其它定理由它证明出来?哪一个是本原?

(讨论后齐答):"同位角相等,则两直线平行"。

主试:为什么要引入同位角来证明平行?

没有想过,感觉对的,就接受了。

峰:理当如此,没什么道理。

主试:你原来想过这个问题吗?老师讲过吗?

珺:老师好像没有有讲。

笔者接着调查了他们的任课教师经(J)教师

I:"同位角相等,则两直线平行"、"内错角相等,则两直线平行"、"三角形内角和等于180度"这三个定理,哪一个最先给出,其它定理由它证明出来?哪一个是本原?

J:让我回忆一下。应该是第一个,"同位角相等,则两直线平行"。

I:是怎么证明的?

J:不会用反证法吧。好像比较抽象。

(思索状)

I:会不会是以公理形式给出的?

J:对对对,好像直接给出的。但有个说明。

I:怎么说的?

J:我想不起来了。我得去翻翻课本。

(离座找书。)

J:画一条直线,用三角板沿着直线平移,角相等,直线平行。这是一个直观说明。

I:为什么要用同位角相等证明直线平行呢?

J:为什么?这个问题我没有想过。

I:就是说假如你是第一个发明平行线判定定理的人,你怎么想到用同位角相等来证呢?

I:换句话说,其思想方法是什么?

I：什么是平行线的定义？

J：无限延长没有交点，在同一平面内。

I：无限延长容易说明吗？

J：不太容易。

I：所以就转化成有限的角相等。这是无限－有限转化的哲学思想。

J：有了思想，你怎么知道他怎么想出来的呢？

I：具体怎么想出的，当然需要个人的创造力，但至少应该让学生知道大体思路。

J：对对，这点教材似乎没有提。

I：有学生问吗？

J：好像没有。

I：其实这样的问题就像"苹果为什么掉下来"一样，是本原性问题，也有可能是具有创造性的问题。

J：你是说要说明公理的背景？

J：不过，如果每个定理都这样讲，上课进度就有问题了。

I：您说得有道理，不过，教材可不可以点拨一下呢？

J：不过，提到了也不一定强调。说不定就是一个设问句（想想为什么？）。

I：教给学生数学思想，探究数学思想是不是一件有意义的事情？

J：侧重点不同，对前人的思想首先要接受，接受需要时间，没有接受就谈不上探究。这需要过程。

J：不适合作"全民性的"。

I："全民性"？

J：普通学生只是被动接受定理，应用定理解题。部分学生对几何根本不能接受。我估计只有极少数学生能接受。

I：没有人问这个问题吗？

J：我的学生中还没有。

I：是不是应该关注"尖子"学生，我们的教材不能专门针对中、差学生，是否应该考虑"尖子"学生的需求？

J：对"尖子"学生的考试不一定有帮助，但对他们创造力的培养应该有帮助。

J：但有矛盾。

I：什么矛盾？

J：一方面，教材挖透，另一方面，解题难度不降。即使教材有思想，我们也只能尽量减少到临界边缘，不好操作，必须两方面同时配合才行。

平行线判定定理的无限－有限思想的挖掘，是对平行线的无限性的进一步反思。如果说对平行线定义是从本质角度理解无限，对平行线判定定理的无限－有限思想的挖掘则从方法论的角度理解平行线的无限性。从哲学层面对教材的深度挖掘对于教师的理解、课堂教学意义重大。数学毕竟是不同于物理、化学的实验性科学，数学是理念的科学，理应探究数学思想和方法。教师不妨引导学生探究数学思想，启发学生的心智。

5.6.2 高三学生对单调性的实无限认知

对 195 名高三学生问卷结果显示只有 28.2% 学生认为单调性中蕴涵无限。故笔者对函数单调性的实无限认知展开了研究。

（1）单调性中实无限涵义

函数单调性在初中阶段就有所涉猎。那时学生观察直线的图像是逐点上升的，一目了然。

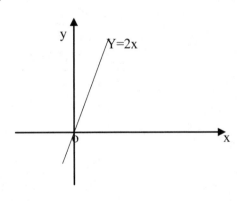

图 5－10

但到了高中阶段该如何精确定义呢？函数的单调增加特征，要描述的不是基本向上，或总体向上，而是每两个点的比较都向上（一个也不能少）的函数性态。

如果函数的定义域是有限的（只不过相当于一张表格），那么只要把所有的点，按自变量增大方向把函数值依次排起来观察就行了。无论点有多少，只要是有限的，计算机使用排序程序立刻就能办到。然而，如果定义域是无限集合，我们必须面对无限多的（x, f(x)），要将无限多对点按 x 增大方向都排序，那是无法作到的事情。

正因为有这样的无限背景，数学上不得不采用逻辑量词"任意"来对付，借"任意 x_1, x_2"来表示考虑所有的点，一个也不能少的特征。"任意的"量词实际从"整体认知"角度囊括了一切 x 点的特性。这种表面上看起来是有限的语言，却解决了描述单调性时涉及的"无限"困难。

（2）实证研究：高三学生对函数单调性的实无限直觉认知

研究对象：杰、栋、宇、豪、芹、悦、硕、枫 8 名同学

研究内容：单调性中是否蕴涵无限

研究形式：逐一访谈，全程录音

研究结果：

表 5-11　高三学生对函数单调性中实无限认识实证研究

	单调性中是否蕴涵无限？理由？	（接上一问题）若回答"是"，和"一尺之锤……"所说的无限一样吗？有什么不一样？
杰	是，"任意"代表每一对取值	不一样。"一尺之棰……"是指无穷无尽。单调性的无限是表示所有的。
栋	否，因为"任意"和"无穷"不一样	
宇	否，单调性是比较的大小	
豪	是，"任意"要考察无限个点。	差不多。都表示一直取下去。
芹	否，单调性是函数的图像的走向。	

续表

	单调性中是否蕴涵无限？理由？	（接上一问题）若回答"是"，和"一尺之棰……"所说的无限一样吗？有什么不一样？
悦	否，单调性是考察的大小	
硕	否，"任意"不等于"无穷"	
枫	是，"任意"是对无穷个逐一比较	不一样。单调性的无限表示每一对都具备的性质。"一尺之棰……"表示永远没有完竭。

注：第二个问题只针对回答"是"的同学。"一尺之棰……"指"一尺之棰，日取其半，万世不竭"。

分析：回答"是"的 3 个学生的共同点是都抓住"任意性"的涵义来思考。回答"否"的 5 名学生中 2 名谈"比较大小"，1 名考虑"图像"。2 名认为"任意"不等于"无穷"。其中杰的回答表明能够区分潜无限、实无限。杰的总体无限量表得分 25.6 分，属于高分层。可见，学生对单调性的认识分歧主要在于对"任意"的理解上。这里的"任意"到底有没有暗指无穷？答案是肯定的。

学生对单调性无限的认识与"潜无限"和"实无限"的分辨有关。单调性中的"实无限"和"一尺之棰……"中的"潜无限"不一样。3 个学生中只有 2 个学生认识到二者的区别。

由于函数单调性中无穷的隐蔽性，学生受潜无限和实无限的分辨能力的影响，高三学生直觉感知函数单调性中的无限性存在一定困难。对函数单调性的无限直觉认知属于学生的理解层面，不容易外显化，很难作有效评价。总体来说，学生对单调性的无限直觉存在个体差异性，学生不容易直觉单调性中的实无限。整体认知的实无限方式应该是影响学生高级直觉认知的重要因素。

(3) 对函数单调性的教材体系安排的一点调查

单调性从初二开始接触，高一正式地、完整地学习函数单调性。初二是如何看待函数单调性？笔者首先调查了初二某教师：

I：你怎么讲单调性的？

J：一般是观察图形。

J：比如一条直线。比如反比例函数。

I：一般怎么叙述呢？

J：随着 x 的增大而增大，随着 x 的减少而减少。函数就单调递增；反之，随着 x 的增大而减少，函数就单调递减。

I：有没有强调区间？

J：没有。

I：为什么？

J：因为所给的函数都是实数范围内的。

I：有没有强调区间内的任意值？

J：这个也很少提。因为一般有图形，根据图形来说的。

可见，初二学生主要学习从图像观察单调性，而且所涉图像全部是以全体实数为定义域的。一般学生不考虑区间。区间恰恰到了高中成为学生学习单调性的"瓶颈"。我们看高三 T 老师的谈话：

I：学生学习单调性最容易犯的错误是什么？

T：忘记区间。只是想到关系式。

T：也不知道是什么原因学生根本不去想区间。

T：对了，学生很喜欢根据图像说明。对于很难画出图像的函数式子就很不适应。

单调性内容的分阶段安排引起笔者的深思。初中对函数单调性不作高要求，不强调区间，只观察整个平面上的图像走向。到了高中同样是叫单调性，反复强调区间、任意取点、比较大小，学生还是容易忽视单调性是某个区间的性质。为什么不一次到位，让学生吃透函数单调性的本质呢？只有透彻理解函数单调性，才能参悟单调性的实无限。这是笔者在研究"高三学生对单调性的无限直觉认知"过程中对教材体系安排的一点反思。

(4) 一堂单调性探究课的反思

下面是 T 老师的一堂公开课，上的恰好是函数的单调性。他的教学过程

如下

(1) 创设情境

投影展示情境1：

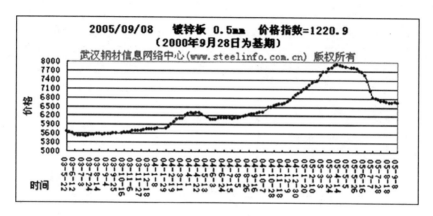

图5-11

情境2：

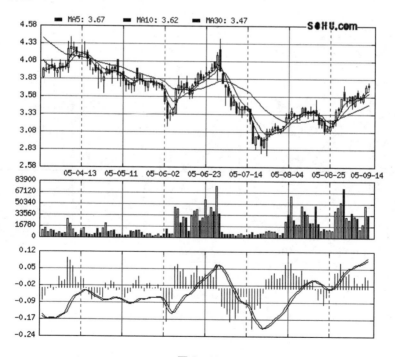

图5-12

T：说出图像在哪些时段内是升高的，怎样用数学语言刻画"随时间的推移图像逐步升高"这一特征？

（2）授课过程

投影展示问题1：观察下列函数的图像（三组）指出各组图像有什么共同的特征？

第一组：

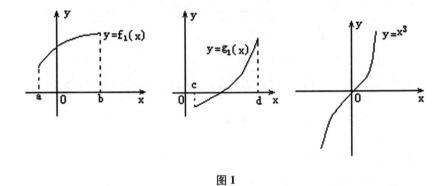

图1

第二组：

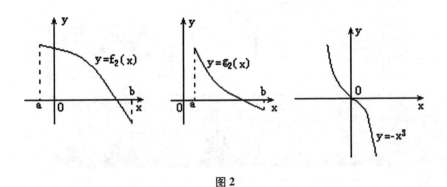

图2

第三组：

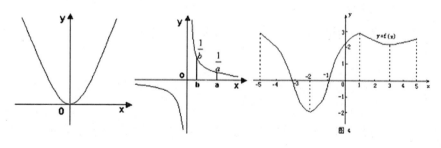

图 3

T：首先请同学说第一组的特点。

S1：都是上升的。

T：好的。具体如何上升？

（其它同学齐声）：随着 x 的增大而增大。

T：第二组呢？

（齐声）：随着 x 的增大而下降。

T：很好。第三组呢？

S1：一部分下降，一部分上升。

T：能否说得更清楚点，或者分区间讨论。

S1：当 x<0 时，函数递减；x>0 时，函数递增。

T：最后一个图呢？

S1：随着 x 的增大，函数的图像有的呈逐渐上升的趋势，有的呈逐渐下降的趋势，有的在一个区间内呈逐渐上升的趋势，有的在另一个区间内呈逐渐下降的趋势。

T：你能明确地说出"图像呈逐渐上升的趋势"的意思吗？

S1：X 增大，y 也增大；x 减小，y 也减小。

（教师在黑板上板书）：在某一区间内，

当 x 的值增大时，函数值 y 也增大，图像在该区间内呈逐渐上升的趋势；

当 x 的值增大时，函数值 y 反而减小，图像在该区间内呈逐渐下降的趋势。

函数的这种性质称为函数的单调性。

T：如何用数学语言来精确地表述函数的单调性呢？

（大家思考状）

（继续启发）如何用代数式子表示 x 增大，y 增大？

$x_1 < x_2$，$y_1 < y_2$

T：对吗？

（齐答）：对的

T：我们看图4，$-1 < 3$，则 $f(-1) < f(3)$，能说函数在区间（-1，3）内单调增加吗？

（齐答）：不行！

T：为什么？请一个同学说一下。

S2：区间内的任意的 x_1、x_2 才行。

T：对的。区间内的任意 x_1、x_2，是一个也不能少的，一个也不能漏掉的。

（在黑板上写出定义）如果对于属于定义域 I 内某个区间上的任意两个自变量的值 x_1、x_2，当 $x_1 < x_2$ 时，都有 $f(x_1) < f(x_2)$，那么就说函数在这个区间上是增函数。

如果对于属于定义域 I 内某个区间上的任意两个自变量的值 x_1、x_2，当 $x_1 < x_2$ 时，都有 $f(x_1) > f(x_2)$，那么就说函数在这个区间上是减函数。

如果函数 $y = f(x)$ 在某个区间上是增函数或减函数，那么就说函数 $y = f(x)$ 在这个区间上具有单调性，这个区间就叫做函数 $y = f(x)$ 的单调区间。

T：下面请同学分析自变量的特点。

S3：自变量是任意的。

S4：自变量是定义域内的值

T：还有呢？

T：x_1、x_2 有大小顺序吧，这就是自变量的三个特点。

T：请同学们说出第三组中各个图的单调区间，指出区间的端点。

（投影展示）例题1：观察函数的图像，写出函数的单调区间（图像见第三组2）

(1) $y = \dfrac{1}{x}$ $(x \neq 0)$

在（$-\infty$，0）内，函数单调递减；在（0，$+\infty$）内，函数单调递增。

T：能不能说函数 $y = \dfrac{1}{x}$ $(x \neq 0)$ 在定义域（$-\infty$，0）$\cup$（0，$+\infty$）上是单调减函数？

（齐答）：不能。

T：要了解函数在某些区间上是否具有单调性，从图像上进行观察是一种常用而又较为粗略的方法，严格的说，它要根据单调函数的定义进行证明。

例题2：证明函数 $f(x) = \dfrac{1}{x} - 1$ 在区间（$-\infty$，0）上是增函数

T：证明函数单调性的解题步骤是什么呢？

（在黑板上写出）

（1）取值

（2）作差变形

（3）定号

（4）判断

1. 练习

课后练习第1、第2、第5题。

下课后，笔者对T老师及时作了访谈。

I：你感觉这堂课上得怎么样？

T：还行。学生讨论比较热烈。

I：你为什么最后十分钟还要重点强调"区间"和"任意性"呢？

T：因为按照我的经验，学生容易在这个方面忽视。

I：你觉得学生能体会吗？

T：这个很难说，不可能一下子体会到，还需要在后来的练习中慢慢认识。

I：区间内的任意点可以说区间内的无限个点吗？

T：无限个点，没有想过这个问题。好像是的吧。

I：如果从任意 x_1、x_2 上升到无限层面，学生是不是印象更深刻？

T：这个也许吧。

I：如果诠释任意 x_1、x_2 表示无穷点，是否比反复强调"任意"两字效果好？

T：对的。我以前没有想到。

从访谈中看出，教师认同了笔者的观点。与其反复申明"任意" x_1、x_2，不如向学生诠释其涵义，解释单调性的实无限内涵，挖掘单调性的无限背景。使学生吃透单调性的本质。让参悟单调性的过程外显化，干预学生的认知。

5.6.3 小结

综上所述，平行线中的无限延长蕴涵着深刻思想，单调性中的实无限具有隐蔽性，总体讲，学生对概念后面的实无限认识不足。但揭示概念中的无限对于学生理解概念本身意义重大。学生对概念背后的无限的揭示存在个体差异性。这样的概念很多，应该引起教育工作者的重视。

初一学习的数轴也蕴涵无限。数轴以原点为中心向两边无限延伸，无穷远处分别代表 $-\infty$ 和 $+\infty$。仅仅指出数轴的三要素：原点、正方向、长度单位是远远不够的，还必须指出数轴的无限性。具备了无限的数轴才是一个数学抽象化的概念，它不等同于现实生活中的"温度计"，而是"温度计"的抽象提升。不强调数轴的无限就无法深刻理解"有理数在数轴上的表示"，"实数与数轴上的点一一对应"。

深刻理解函数概念对于学好中学数学意义重大。函数的定义是：对于定义域中的任意一个 x，在对应法则 f 下，都有唯一确定的 y 值和它对应。函数的定义中蕴涵着实无限，"任意一个 x"暗含着无限个 x，一个也不能少，暗含无限个数量关系 $y=f(x)$。表面上看起来是处理有限点，体现了个体可操作化，实质包含了无限思想。但只有 42.1% 的高三学生认为函数中包含"无限"，说明学生对函数中实无限的认知不足。仅仅掌握了函数的三要素：定义域、值域、对应法则是不够的，不认识到函数中的无限不能算是深刻理解了函数概念，不能算是把握了函数的精髓。对函数的无限的认知属于理解层面，无法象函数关系式 y = f(x) 那样外显，学生是否认知函数的无限教学上无法有效评价。教师要将函数隐含的无限昭然若揭，诠释"任意一个 x"的内涵，让学生站在实无限的层面理解函数的各要素的关系。笔者曾和初三的数学教师 T 老师作了一次很有意思的谈话：I 表示笔者，T 代表教师。

I：初二学生讲了函数定义吧？

T：强调自变量取每一个值，只有一个 y 值和它对应，其它没有强调。

I：每一个？是任意一个吗？

T：（疑惑）它们有区别吗？我翻翻书（于是找教材）

I：教参中强调"唯一"、"每一个"没有？

T：可能是每个人的理解问题……，如果强调"每一个"又怎么样？还是要研究有限点。

I：不强调每一个，学生也错不了吗？

T：不会错，而且没法考。"唯一性"就有很多考试方法

I：去掉"每一个"可以吗？

T：根据语境也容易理解……。前面应该加上"一个"，"一个"不能去……

I："每"要保留吗

T："每"也必须保留……，对，我没有探究。

I：用"任意一个"代替"每一个"行不行？

T：（想了一下）是一样的。

访谈中看出，教师很愿意深度挖掘函数概念。教参没有强调函数概念的无限背景，没有挖掘"任意"的实无限涵义，教师无法把对函数的内在理解透彻地、外显地传递给学生。与其让学生自己悟出函数概念的无限内涵，不如教师直接给学生点拨函数的无限意义。同时也让学生体会数学语言的精炼和严谨。

5.7 教师的无限直觉认知的一点调查

教师的无限直觉对学生有潜移默化的作用，笔者以为，考察教师对数学

无限的直觉很有必要。笔者访谈了初三任课教师 T 老师和 J 老师。访谈内容是直觉认识量表（见附录一）。他们作了量表后立刻就部分内容作如下访谈。

I：对"任意大"怎么看？

J：任意大和无限大没什么区别吧。任意取值当然可以取无限多次。

T：我认为任意大和随意大有区别，是在一定范围内的数量。所以是有限的。

I：对"交换律"怎么看？

T：是无限的吗？

I：什么是交换律？

J：$a \times b = b \times a$ $a + b = b + a$

I：没有范围吗？

T：实数范围内。

I：在学习自然数时也说过吧。

J：实数或自然数内的任意两个数吧。

……好像教学中不太强调"范围"、"任意"吧。

I：是的。其实暗指实无限过程，是实数范围内的所有的数。对吧。

J：对的。

I："函数"呢？

比如一次函数的图像是无限延长的，二次函数的图像也是向上或向下无限延伸。

J：函数也有分段函数的。也有有限的情形。

I：你们说得很有道理。不过，如果从定义看，对于定义域内的任意 x，在对应法则下，都有唯一的 y 值和它对应。这里的"任意"可以是实无限过程吗？

T：可以。

I：对"周期"呢？

T：周期应该是无限的。但对学生而言，根本不知道什么是周期，所以也谈不上无限。

I：学生没有学习周期吗？比如无限循环小数，无限不循环小数？

T：只知道有循环节，除此之外就不知道了。

I：学生对无限认识是教学中的薄弱环节吧。对无限忽视了，差不多是在中学阶段完全避而不谈吧。造成的结果可能是学习微积分等高等数学就入门很难。

J：可能吧。中学如果挖得太深，进度会跟不上。

……

访谈中可见，不仅学生对无限直觉有分歧，教师也一样。教师对周期、函数、任意大、交换律的不同认识体现了对无限的分歧，表现出对概念的不同理解深度。笔者以为，教师很有必要深度挖掘概念，揭示概念背后的无限思想，统一认识。教师备课如果能悟出数学概念背后的无限思想，站在更高层次看数学概念，启迪学生的智慧的火花，无疑有利于学生理解概念。同时，也有利于提高教师的数学素养。

5.8　小结

5.8.1　"无穷大"的抽象化认识是具备初步直觉认识的重要标志

初三学生基本能从图形、数字的变化中分辨数学有限和无限，具备初步的潜无限直觉认识水平。初三学生的初级直觉认知具有经验化心理趋向，典型表现是对无穷大和任意大的区别。对无穷大的抽象化的认识成为学生具备初级直觉认知的重要标志。数学上的无穷大的概念是生活中无穷大概念的理论化，没有现实直观，是对朴素无限认识的升华。如果说学生对无限的朴素认识是第一阶梯，那么要跳一跳才能跨越、上升到初步直觉认识的第二阶梯。无穷大的抽象化只能融合在具体概念中。

初步直觉认识具有年龄的阶段性。对于 11 - 12 岁以前的儿童很难理解无穷大的抽象认识，他们对无穷大的认识只能停留在具体数数阶段，很难上升到抽象化阶段。抽象认识要等到儿童抽象能力发展到一定阶段才能达到。

高三学生和初三学生的无限直觉认知存在显著差异。思考问题的方式和角度的多元化（multiple）是高三和初三学生的根本区别。大二学生和高三学生的直觉认识差异不明显。

初三到高三整个阶段是学生形成无限直觉认识的主要阶段,而过了这个年龄阶段,学生对无限的直觉认识并没有显著改变。学生形成无限直觉认识具有年龄的阶段性。

5.8.2 "整体认知"是影响高级直觉认知的重要因素

学生对单调性、函数、奇偶性等数学概念中隐含的实无限不容易识别,有利于实无限的"整体认知"在其中起重要作用。从哲学的角度讲,人们过分关注细节,就容易忽视整体效果。拔高层次从整体思维,或许可以看得更深。

整体认知的另一体现是对无限－有限转换思想的理解,体现在初三学生对平行线判定定理的无限－有限转换思想的理解中。

平行线在几何的发展中地位特殊,学生对平行线中的无限直觉能力的大小体现了学生的思维能力的深浅。

5.8.3 教学启示和建议

(1) 抓住学生无穷直觉认知的最佳年龄

由于无限的直觉认知具有年龄的阶段性,年龄太小了学生接受不了,太晚了可能错过有利时机。应该抓住11、12岁的最佳年龄,让学生理解数学无穷大,在初中到高中的飞跃阶段发展学生的无限直觉能力。在具体概念如数轴、函数、单调性、奇偶性、交换律的教学中识别无穷大,发展学生的实无限能力。

(2) 启发学生整体认知数学概念

首先,学生的数学无限直觉具有经验化矛盾心理趋向,教学中应帮助学生克服经验化倾向,化解学生的心理矛盾,达到数学化无限直觉层面。

其次,帮助学生挖掘概念背后的实无限思想。学生无限思辩的自发方式是潜无限,实无限是后天发展而来的。实无限隐藏在数学概念中,需要学生深入思考才能领会。教学中应深刻挖掘数学概念中包含的无限思想、无限－有限的转化策略,将无限的教育落实到具体的数学概念中,进一步加深学生对数学无限概念的理解。对函数、单调性、奇偶性等中学重要数学概念中的实无限加以深刻剖析,使学生对实无限的无意识认识变为有意识理解,让学生认知从模糊变清晰，使无限思想清晰浮出水面。

最后，帮助学生分析概念中隐藏的无限。数学无限直觉水平与学生的数学成绩并不相关，与学生的思维方式有关。仅仅借助一种方式一般不易全面把握无限，教师要引导学生用多种方式、从多角度思考无限，提高学生的无限直觉水平。

(3) 提高教师的数学无限素养

教师的无限思想对学生有潜移默化的影响。教师对数学无限的直觉直接影响学生的无限水平。笔者只是对教师作了简单调查，无力作深入实证研究。调查显示，教师的无限直觉存在着差异性，提高中学教师的数学无限素养是培养学生无限观的关键。微积分知识已有前移到中学的大趋势。中学教师可以尝试用集中训练的方式系统学习数学无限，包括微积分、集合论、超限数理论等知识，提高教师的数学无限素养。

(4) 对教材体系安排的一点建议

在数轴的教学中增加数轴无限性。不仅让学生深刻理解"有理数在数轴上的表示"，而且有利于初二的实数教学，有利于学生理解"实数与数轴上的点一一对应"。学生容易受生活经验的负面影响，数轴是数学抽象化的概念，不是"温度计"的翻版，给学生指出数轴的无限性，有利于学生更好地理解数学上的数轴概念。

如何做好初中、高中教材的衔接一直是教育工作者关注的焦点。以函数单调性为例，笔者以为，函数单调性可以整合到高中直接详细讲解，没有必要分初中、高中两次学习，时间跨度 2 年。由于前一次学习中，单调性内容不作较高要求，学生对单调性的错误直觉有可能对高中的单调性学习产生负作用，不利于学生对单调性的准确理解。遵循以学生为本的思想，建议教材重新安排函数单调性。

中学数学课程标准强调应体现数学的文化价值。从数学史看，平行公设在几何发展中具有特殊意义，教材应该重视平行线判定定理的无限－有限转换思想的挖掘。同时，要满足各个层次学生的需求。对于绩优生，可以借助课外读本的形式，以平行公设为契机，让他们了解罗氏几何、黎曼几何的思想，扩展他们的思维，激发他们对数学的兴趣，培养他们的钻研精神。

第六章

研究结果（三）：无限思辩方式

实证说明：本章的主体实证研究对象是高三（大一）学生195名，他们接受我的测试和实验时都刚刚入学，甚至处于上课的第一周（测试卷见附录二）。而且全部是数学系学生，属于数学基础比较好的学生。我根据他们的测试成绩，分别选出了杰、栋、宇、豪、芹、悦、硕、枫等8名学生，他们分属于实无限思辩的A、B层次。（A、B层次划分标准见99页）。并且本人表示自愿参与我的实验。

本章特别关注的问题是：

a）高三学生具有哪些较稳定的无限思辩特性？

b）无限思辩能力是否具有个性化差异？

6.1 无限思辩方式的内在矛盾性

6.1.1 无限思辩方式内在矛盾性内涵

Fischbein（1979）认为，潜无限和实无限矛盾是客观存在的，实无限是智力建构的结果，逻辑图式无法接受。Aristotle 也认为无限过程作为一个整体是存在的，只是人们难以接受（转引 Ed Dubinsky, 2005, p.17）。

学生主要将无限看作一个过程，是不断运动的事物。将无限看作对象观念的只有部分学生（Fischbein, 1979, p.21）。

根据APOS理论的本原分解（genetic decomposition），潜无限关注无限过程，是对无限过程的动态思考；从另一角度讲，潜无限是将无限过程看作一个评价标准，决定是否有无限答案。只有达到过程的凝聚，叠加对象、得到对象，最终将无穷过程看作一个整体，才能达到实无限阶段。这个过程需要智力构造，需要理解无限的暗喻，想毫不费力地获取从有限到无限的飞跃，这几乎是不可能的事情（Fischbein，1979，p.21）。

6.1.2 无限思辨方式的三维结构

无限思辨有三种方式，潜无限法、实无限法、潜、实无限辩证法。所谓潜、实无限辩证法是取消了潜无限和实无限的绝对对立，将无限看作潜、实无限的有机结合。学生在不同情况下思考无限时，不可避免、下意识地交叉使用三种方式，而不会仅仅运用其中一种方式。笔者给出无限思辨三维结构图（见图6-1）。

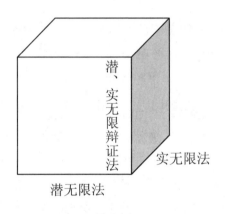

图6-1

笔者以为，三种思辨方式的关系并不是并列的。潜无限是最基本的无限思辨方式，实无限法是在潜无限基础上思维的第一次飞跃，需要个体努力（single strike）才能达到；将无限既看作潜无限，又看作实无限，即达到潜、实无限辩证法层次，是无限思辨的第二次飞跃（如图6-2）。思辨方式的关系图类似于智者派和苏格拉底、柏拉图在对话中常常用的、通过概念与概念之间关系的辨析追求真理的方法，早在古希腊时期，Aristotle在《正位篇》和《论智者的辩驳》中曾讨论过这一方法。

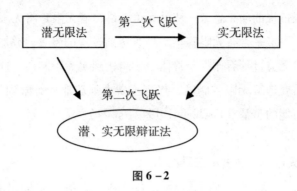

图 6-2

学生在不同情形下交叉使用不同的无限思辨方式,哪些因素导致学生更容易运用潜无限法,哪些情形导致学生选择实无限?最后,在什么条件下,学生会使用潜、实无限辩证法来思考无限?这是笔者要探讨的主要问题。笔者以高三学生为主样本来研究上述问题。

6.2 思辨方式的标准尺度

自然数的无限递归是人所共知的,没有无限递归就没有自然数的最终形成。希腊人难以相信数的无穷级数可以有一个有限和,实质是难以接受实无限思想。无理数的有理逼近反映了潜无限、实无限的辩证思想,两种思想水乳交融于无理数。

中国古代的"一尺之锤,日取其半,万世不竭"鲜明地表现了"无限截取"中的潜无限。刘徽的"割圆术"描述的"割之弥细,失之弥少,割之又割,以至不可割也"亦暗含实无限思想。

综上所述,学生的无限思辨标准尺度应包括以下方面:(如图 6-3)

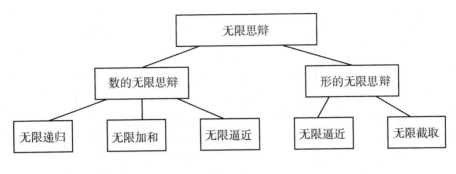

图 6-3

数的无限包括:

数的无限递归: {1, 2, 3, 0, {1, 2, 3, …..}} 是有限集合还是无限集合?(　)

A. 是无限集合,因为元素是无限的　B. 是有限集合,只有 5 个元素
C. 难以确定,以上两种情况都有可能。

数的无限加和:式子 1/2 + 1/4 + 1/8 + ……(　)

A. 趋向于 1　B. 等于 1　C. 难以确定,以上两种情况都有可能。

数的无限逼近:数列 3,3.1,3.14,3.141,3.1415,3.14159,…(　)

A 小于　B 等于　C 难以确定,以上两种情况都有可能。

形的无限包括形的无限逼近和形的无限截取。

形的无限逼近有三题:

1. 画出圆的内接正多边形,当正多边形的边数增加到无限时,你认为(　)

A. 正多边形的周长小于圆的周长

B. 正多边形的周长等于圆的周长

C. 难以确定,以上两种情况都有可能

2.

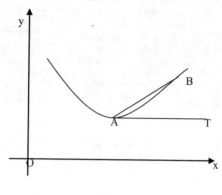

图 6-4

图 6-4 中，AB 表示曲线 $y=f(x)$ 的割线，$k=\dfrac{f(x_0+h)-f(x_0)}{h}$ 表示割线的斜率，AT 表示曲线 $y=f(x)$ 在 A 点的切线。当 $h\to 0$ 时，最后会出现什么情况？（　　）

A. AB 无限接近于 AT，但永远不和 AT 重合。　　B. AB 越来越接近于 AT，最后与 AT 重合　　C. 难以确定，以上两种情况都有可能。

3. 如图 6-5，表示曲线 $y=f(x)$ 在区间 [a, b] 上的一段，在区间 [a, b] 中任意插入 n 等分点，然后分别经过每一个点作平行于 y 轴的直线段，当 $n\to\infty$ 时，比较矩形 ABCD 和曲边梯形 ABCR 的面积（　　）

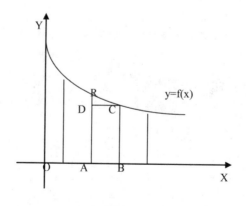

图 6-5

A. 在这一变化过程中，矩形 ABCD 的面积总是小于曲边梯形 ABCR 的面积。

B. 当 n 趋向于无穷大时，矩形 ABCD 的面积等于曲边梯形 ABCR 的面积

C. 难以确定，以上两种情况都有可能。

形的无穷截取：

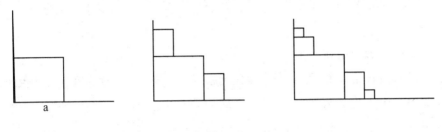

图 6-6

如图 6-6 所示，依照图中的方法取上一级阶梯长度的一半，当无限取下去，阶梯的总长是（ ）

A. 无限趋向于 2a，但不等于 2a

B. 等于 2a

C. 难以确定，以上两种情况都有可能。

形的无限截取：已知图 6-7 中，三角形 ABC 中，分别取三条边上的中点组成三角形 $A_1B_1C_1$，同理可得三角形 $A_2B_2C_2$，这样无限取下去，你认为最终面积是（ ）

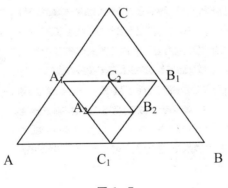

图 6-7

A. 面积趋向于 0，但不等于 0

B. 面积等于 0

C. 难以确定，以上两种情况都有可能。

6.3 高三学生的无限思辨特点分析

6.3.1 现状分析

SPSS 统计结果表明，高三学生实无限的平均分 17.36 分。笔者将学生的实无限得分以 18 分为界，分为 A、B 两个层次。

表 6-1 高三学生实无限得分分布表

	层次 A（得分低于或等于 18 分）	层次 B（得分高于 18 分）
人数	112	81
总人数	193	193
所占百分比（%）	58.0	42.0

根据这个标准，笔者从 A、B 两个层级中选出杰、栋、宇、豪、芹、悦、硕、枫 8 名学生，其中 A 层级 4 人、B 层级 4 人。

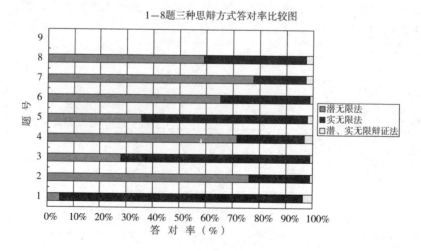

图 6-8

从图 6-8 看出,学生较多运用潜无限法,而实无限法和潜、实无限辩证法运用较少。潜无限法符合学生的思维习惯,自然是学生使用更多的方法。事实上,笔者对样本分析得出两种思辩方式的平均得分比较如下:

表 6-2 高三学生潜无限标准和实无限标准平均得分比较

	潜无限标准	实无限标准
答对人数	193	193
缺失值	0	0
平均值	21.14	17.36

由表 6-2 看出,高三学生在潜无限标准下的平均得分高于实无限标准下平均得分。这个差异是否显著?笔者进一步讨论如下:

表 6-3 高三学生潜无限和实无限得分独立样本 t-检验

	F	sig	t	df	Sig (2-tailed)	Mean difference	Std. error difference
方差齐性	.266	.606	3.565	384	.000	3.782	1.061
方差不齐				383.684	.000	3.782	1.061

从表 6-3 可以看出,t-检验的伴随概率 0.000 小于显著性水平 0.05,所以应拒绝原假设,认为高三学生的潜无限标准得分和实无限标准得分之间存在显著差异。

笔者得出结论,高三学生明显较多运用潜无限思辩,较少用实无限思辩。高三学生极少运用潜、实无限辩证法。这符合笔者的最初设想。

6.3.2 高三学生的无限思辩特点

(1) 高三学生潜无限思辩特点

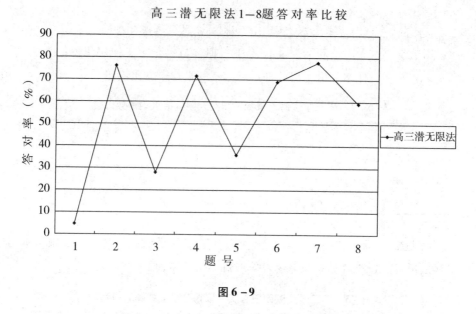

图6-9

从图6-9看出,总体来说,2,4,6,7题答对率较高,2、6、7题共性是视觉上的无穷叠加,4题容易使学生对"最后一项"作惯性思维。

· 视觉上的无穷叠加

2,6,7题具有视觉无穷叠加的共同特点,这是学生最熟悉,最容易接受的图式。学生从小开始学数数,从数数中知道了"后续"无穷的规律,并对无穷叠加产生熟悉的认同感,无穷叠加的隐喻有利于学生运用潜无限法。所以,凡是类似于自然数 {1,2,3,……} 无穷叠加图式,学生都习惯采用潜无限思辩。题6正是从图形上给学生鲜明的无穷叠加的视觉效应。题7则从内部采用无穷交叠的方式,刺激学生的视神经,使之采用潜无限思辩。

· 容易使学生对"最后一项"作惯性思考

学生的心理依据是,一系列有限序列的动作一定有一个唯一的,最后的活动,暗示无限序列也有这样的性质;这在理论上称作"无限的基本隐喻"(Mamona,2002)。对"最后一项"的惯性思考往往是延续上一个动作,是有限的延续。比如第4题,按照对"最后一项"的惯性思考,无论怎么变化,"最后一项"总是割线,而不是切线。

（2）高三学生实无限思辩特性

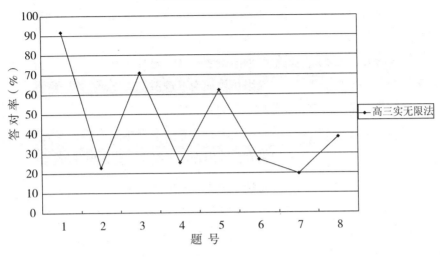

图 6-10

从图 6-10 看出，1，3，5 题属于实无限答对率较高的题目，是什么因素使得较多学生在这些题目上选择运用实无限法呢？1，3，5 题的共同特点是无限"形式"、"过程"与最终"结果"具备相似性。

首先看第 1 题：$\{1, 2, 3, \{1, 2, 3, \cdots\cdots\}\}$，集合 $\{1, 2, 3, \cdots\cdots\}$ 和有限数字 1，2，3 摆放在一起，它和 1，2，3，在整个集合中的地位、作用完全相似，从形式上与其它元素相似。学生将 $\{1, 2, 3, \cdots\cdots\}$ 看作一个整体可以说水到渠成、自然而然。

再看 3、5 题，分析图见 6-7。

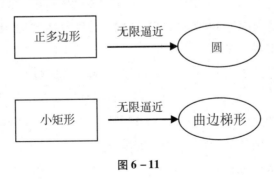

图 6-11

从图6-7看出,"过程"和"对象"的相似性包括形状、面积的相似。正多边形和圆的形状类似,面积无限接近;小矩形和曲边梯形亦然。"相似性"给予学生心理暗示,使学生达到无限"过程"的凝聚,最终获取实无限"对象"。

笔者以为,实无限的最重要的隐喻途径是"过程"和"结果"的相似性使学生更容易接纳实无限,实无限仿佛成为下意识。

(3) 高三学生的潜、实无限辩证思辨方式特点

潜、实无限辩证法学生答对率很低,只有少数学生具有潜、实无限辩证法的萌芽。所以,笔者探究起来有些许困难,只能作一些现象分析。

潜、实无限辩证法1—8题答对率比较

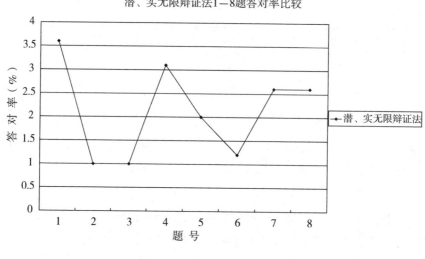

图6-12

如图6-12,第1题是学生潜、实无限辩证法答对率(3.6%)最高的题目,第8题的答对率为2.6%,属于偏高的。题1和题8的共同特点是有限和无限的糅合形成心理上的"两难性"。

题1:{1, 2, 3, {1, 2, 3, ……}} 中既有有限数字1, 2, 3, 也有无限集合 {1, 2, 3, ……},形成认知的"两难性"。

无理数亦如此。从逻辑上看,无理数不是简单的一个符号,或一对符号,像两个整数比那样,而是一个无穷集合。(Kline, 1972, p.23)

代表一个精确的结果,可以用半径为1的半圆来度量,是实在的获取。

长度本身不能为无理数提供任何数字直观,学生无法感知无理数作为数字意义上的直观。对于 3.1,3.14,3.141,3.1415……逼近过程,学生容易看作无限逼近,而不能从数字上精确获得。从而形成了"两难性"。

无理数的"两难性"可以成为学生无限思辩学习的一个重要切入点。

6.3.3 个案对比研究分析

实证说明:本实证采取个案研究,将 8 位被试分成 4 组分别和主试共同讨论。对四组同学作了长达 2 小时的录像。经过反复研究,笔者选取了其中针对性很强的一组学生进行研究分析。这组的两位成员分别是杰、栋。据班主任 J 老师讲,两人都是尖子学生、数学苗子。杰的特点是思维比较活跃、超前,知识面相当广泛,整体无限量表得分很高,25.6 分。其主要表现是,能用自己的语言描述高等数学的基本概念:极限,群,拓扑等;能用自己的语言分析天文地理知识中的无限,如黑洞理论,并对课外知识有自己的理解和解释,他能用数学、天文、物理、化学等知识向笔者描述无限,能用自己的语言叙述无限的发展;语言组织能力较强。栋没有杰那样的突出表现,其整体无限量表得分 15 分低于杰。他的特点是敢于发表自己的看法,不人云亦云,性格幽默。笔者将他们的谈话整理如表 6-4

表 6-4 杰和栋的谈话记录对照表

	杰	栋
题 1	选 B。大括号表示集合,{1,2,3,…}是表示无穷大,但这里表示只取一个。加上前面四个,{1,2,3,{1,2,3,…}}代表有限集合。	选 C。里面的大括号是无限集合,看成一个整体就组成有限集合,不看成整体就组成无限集合,所以难以确定。
题 2	选 B。加下去,可以有 $\frac{1}{2^n}$ 项,很微小,和趋向于 1,不等于 1。(反驳栋)极限中不讲精确,几乎不考虑精确,就象宇宙飞船不考虑燃料的升温对宇宙飞船温度的影响。	选 B。无穷趋向于 1,总相差最后一项 $\frac{1}{2^n}$,不够精确。
题 3	选 B。无限时可以认为是圆	选 A,无限时正多边形是一个弓形,圆周长大于弓形长度。

续表

	杰	栋
题4	选A。割线是指一条直线相交于两点，切线与曲线相交于一点。斜率相当大时，无限接近于AT。射线不会有"临界"。	
	选A，割线不会变成切线。	
题5	选A。应该是一个五边形，插入点更多，边数更多，越接近于曲边梯形。（笔者更正：五边形应为小矩形）	选A，除矩形外，必有一小块，矩形+多出来的一小块=曲边梯形
题6	选B。无限小下去，最后叠加的阶梯长是0，无限趋向于0，但不等于0。如果等于0，用反推法，最后一次分割的阶梯为0，就无法还原。总长无限接近2a，但不会等于2a（评价"栋"的看法）他永远加下去，表示他是无限大；我是有限的，是个确定的值。	选C，无限加下去，永远没有结果
题7	选C。无限小时，在显微镜下可能是0，也可能是三角形。无限小下去，小到一个"境界"，可能分辨不出来是三角形还是点。"境界"就是"临界"。比如整数的临界值是0，将整数分为正数和负数。无限中也有临界点。	选A，三个点不会在一条直线上
题8	选B。数列实际上到了一个层次时可以认为就是，找到一个临界	选A，终归达到无法计算时，数列始终比小计算下去，终归有加不完的那一天。

分析：从表6-4比较，杰和栋的语言中有两大显著差别。

差别一：栋的语言中四次出现了"大于、相差、加法、小于"的典型"算法"字眼；杰不仅没有类似的语句，而且反驳栋"极限中不讲精确"。说明杰在一定程度上没有束缚于视觉上的无限叠加的潜无限思辩特性。

差别二：杰三次提到"临界"，并用类比的方式解释"临界"的含义。说明杰在一定程度上没有束缚于"最后一项"的惯性思维。

杰对无限的思辨更成熟,方式更加多元化。按照 Spiro 的认知弹性理论,对于结构不良领域的知识要通过对学习对象的多维表征以及多样化应用才能完成对知识意义的建构。相形之下,栋的无限思辨特征是思辨方式略显单薄。杰的无限思辨能力强于栋。

6.3.4 思辨方式得分和学生的数学成绩的相关性

表6-5 初三学生潜无限标准得分和数学考试成绩的相关性分析

		潜无限分数	考试分数
潜无限分数	Pearson Correlation	1	.158（*）
	Sig.（2-tailed）		.230
	N	206	206
考试分数	Pearson Correlation	.158（*）	1
	Sig.（2-tailed）	.230	
	N	206	206

由表6-5可知,潜无限标准得分和数学考试分数的相关系数的伴随概率是0.230,大于显著性水平0.05,因此不能拒绝原假设,结论是潜无限标准分数和考试分数不显著相关。

表6-6 初三学生实无限标准得分和数学考试成绩的相关性分析

		考试分数	实无限分数
考试分数	Pearson Correlation	1	-.104
	Sig.（2-tailed）		.139
	N	206	206
实无限分数	Pearson Correlation	-.104	1
	Sig.（2-tailed）	.139	
	N	206	206

由表6-6可知,实无限标准得分和数学考试分数的相关系数的伴随概率0.139大于显著性水平0.05,因此不能拒绝原假设,结论是实无限分数和考试分数不显著相关。

总之,学生的总体无限思辨得分和数学考试成绩不显著相关。这与前面的直觉分析结果一致。说明学生的无限思辨的发展是一种动态平衡,而不是知识的单向发展(sfard,1998,p.11)。学生的无限思辨水平是一种能力,随着学生的年龄、知识的逐步增长而提高,不能用考试分数来量化衡量,只能作质性分析。

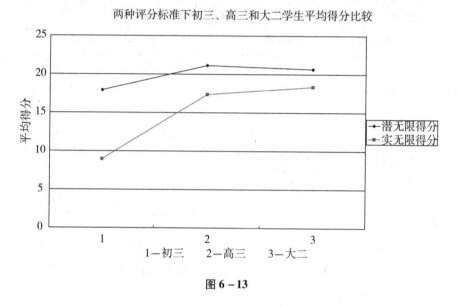

图 6-13

6.4 高三学生无限思辨能力的稳定性

6.4.1 高三和初三学生思辨能力比较

从图 6-13 看出,无论潜无限评分标准还是实无限评分标准,随着年龄的增长,学生的平均得分都呈现逐步上升的趋势。也就是说,年龄和数学知识的增长对学生的思辨方式有一定正面的影响和作用。Piaget 认为,前运算阶段儿童不能细分直线,具体运算阶段儿童能细分一个很大的有限数字,只有到了形式运算阶段儿童才能处理无限。在这个阶段,Piaget 和 Inhelder 宣称,学生能将图形的极限看作一个点。但年龄和数学知识的增长对无限思辨水平的影响到底有多大?这个影响程度是否显著?这是笔者要研究的问题。

(1) 高三和初三学生的潜无限思辩方式存在显著差异

表6-7 高三、初三学生潜无限标准下得分独立样本t-检验

	F	sig	t	df	Sig (2-tailed)	Mean difference	Std. error difference
方差齐性	6.304	.012	3.284	397	.001	3.227	.983
方差不齐			3.268	378.741	.001	3.227	.988

从表6-7看出,独立样本t-检验的伴随概率为0.001,小于显著性水平0.05,因此应拒绝原假设,认为高三学生和初三学生在潜无限标准下得分存在显著差异。

(2) 高三、初三学生的实无限思辩存在显著差异

表6-8 高三、初三学生实无限标准下得分独立样本t-检验

	F	sig	t	df	Sig (2-tailed)	Mean difference	Std. error difference
方差齐性	42.432	.000	9.787	397	.000	8.425	.861
方差不齐			9.657	325.423	.000	8.425	.872

从表6-8看出,独立样本t-检验的伴随概率0.000小于显著性水平0.05,因此应拒绝原假设,认为高三学生和初三学生在实无限标准下得分存在显著差异。

从以上分析知,较初三学生比,高三学生潜无限水平高于初三学生,实无限水平也高于初三学生。从无限思辩能力上看,高三学生强于初三学生。按照Piaget的关于儿童的智力发展理论,作为处于形式运算后阶段的高三学生,认识超越了现实,并将现实纳入到了可能性、必然性的范畴中进行思考与处理,不必借助具体的事物作媒介,不受具体对象的限制,在抽象水平上进行运算。所以,较初三学生比,高三学生表现出更强的无限思辩能力。

6.4.2 高三学生与大二学生思辩能力比较

微积分是以极限概念为基石的学科,极限概念的学习对学生的无限思辩

能力有怎样的影响？这是笔者关注的问题。

表6-9 高三、大二学生潜无限标准得分t-检验

	F	sig	t	df	Sig (2-tailed)	Mean difference	Std. error difference
方差齐性	.547	.460	.326	259	.745	.478	1.466
方差不齐			.337	124.797	.737	.478	1.420

从表6-9看出，独立样本t-检验的伴随概率0.745大于显著性水平0.05，因此不能拒绝原假设，认为高三学生和大二学生在潜无限标准下得分不存在显著差异。

表6-10 高三、大二学生实无限标准得分t-检验

	F	sig	t	df	Sig (2-tailed)	Mean difference	Std. error difference
方差齐性	.053	.818	-.714	259	.476	-1.025	1.435
方差不齐			-.727	121.34	.469	-1.025	1.410

从表6-10看出，独立样本t-检验的伴随概率0.476大于显著性水平0.05，因此不能拒绝原假设，认为高三学生和大二学生在实无限标准下得分不存在显著差异。

综上所述，从初三、高三到大二，学生的思辩能力经历了先显著提高，而后基本稳定的走势。中学阶段是学生形成无限思辩能力的关键时期，一旦形成，就具备相对稳定性。

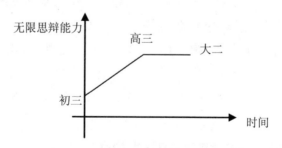

图6-14 学生无限思辩能力走势图

6.5 小结

6.5.1 高三学生的无限思辩方式特点

潜无限思辩是高三学生的自然方式,高三学生较少运用实无限以及潜、实无限辩证法。

视觉上的无穷叠加,学生对最后一项的惯性思维容易使学生运用潜无限方式;无限"过程"和"结果"的相似性容易使学生倾向于采用实无限方式;无限和有限糅合形成心理上的"两难性"使高三学生倾向于潜、实无限辩证法。无理数具有"两难性",可以作为训练学生无限思辩的切入点。

不管潜无限标准还是实无限标准,从初三到大二,随着年龄的增长,学生的平均得分都出现逐步上升的趋势,学生思辩能力的总体走向是随着年龄的增长而递增。

个案对比研究表明,思辩能力强的学生不局限于"视觉的无限叠加"的潜无限思辩模式,也不局限于"对最后一项的惯性思维"。

6.5.2 高三学生无限思辩能力具有稳定性

从初三到高三,学生的思辩能力显著提高;从高三到大二,学生的思辩能力没有显著变化。

这个结果和学生的无限直觉能力的趋势一致。高三学生的无限直觉能力和思辩能力都有一定程度的稳定性。

6.5.3 教学启示和建议

(1) 对学生的无限思辩水平作质性分析

学生的无限思辩水平与学生的数学考试成绩无关,无限思辩能力属于思维层面,可以作质性分析。笔者编制的量表可以作为学生质性分析量表,其意义在于,可以大致衡量学生的无限思辩水平层次,比较学生的无限思辩能力高低,供教师教学借鉴,给教材编写提供参考。

(2) 教学中有意识采取有利于学生无限思辩的教学方法

首先,利用视觉上的无限叠加同化数学无限概念。潜无限是学生的自发思辩方式,视觉上的无限叠加是学生惯用的潜无限思辩模式,在教学中可以有意识地利用视觉的无限叠加特点同化数学无限概念。比如理解式子:

$$2 = 1 + \frac{1}{2} + \frac{1}{4} + \frac{1}{8} + \cdots$$

可以借助潜无限的视觉无限叠加来理解。

其次,实无限相对于潜无限而言,是思辩方式的飞跃,学生不容易形成。教学中应利用无限过程和结果的相似性顺应实无限。以定积分的几何意义-曲边梯形为例,教学可以利用计算机动画模拟无限逼近过程,随着区间划分 n 的增大,小矩形的面积越来越靠近曲边梯形面积,无限过程和结果相似性有利于学生顺应实无限,形成极限概念。(见图 6-15)

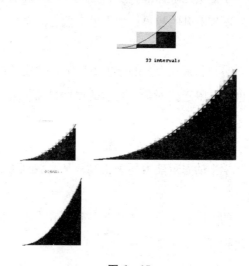

图 6-15

第三,在教学中糅合无限和有限的两难性,培养学生的潜、实无限相结合的思辩能力。无理数教学中,可以采用有理数逼近来表示无理数,使学生经历无限和有限的心理"两难",促进潜、实无限辩证思维。

6.5.4 初三、高三学生无限认识水平的简要概括

到此为止，笔者已经分析研究了学生无限的朴素认识、直觉认知、思辩方式三个层次。而剩下的两个层次的研究对象主要集中于大二学生。在这里有必要从朴素认识、直觉认知、思辩方式三方面简要概括一下初三和高三学生的无限认识特点。

（1）初三学生的无限认识水平概要

初三学生的朴素认识和无限初级直觉水平均处于常规状态。初三学生的无限思辩能力不如高三学生。

初三学生的朴素认识的倾向性特点是以时空无限为基础，以生活经验为依据。初三学生也容易出现无限直觉的经验化矛盾心理倾向。部分初三学生对无穷大、平面存在经验化心理趋向，还没有上升到抽象化层面。对 $\frac{1}{3}$ 的小数表示受经验化趋向影响，存在心理上的困惑。对于高三学生思辩方式的心理倾向性，初三学生应该也难以避免。

（2）高三学生无限认识水平概要

高三学生的朴素认识与初三学生并无显著差异，高三学生的高级直觉特征是对显含无限的数学概念答对率较高，对隐含无限的数学概念的无限普遍认识不足。高三学生惯用的思辩方式是潜无限思辩，实无限思辩运用较少，潜、实无限辩证法也较少使用。

高三学生容易忽视数学概念中的实无限，视觉上的无穷叠加形式，对最后一项的惯性思维，容易导致高三学生采用潜无限；过程和结果的相似性对比容易使学生产生实无限；无限和有限的糅合形成心理上的"两难性"诱导学生运用潜、实无限辩证思维。

第七章

研究结果（四）：演绎层次

实证说明：本章研究对象是大二学生 67 名，他们来自某全国知名高校数学系。对 67 名大二学生作了问卷测试（见附录三之（五）演绎层次）。本章所涉及的数据全部来自 67 名学生。参照学生大一的期末考试成绩，并根据演绎层次的 A、B 层次划分标准（见 99 页），分别从 A、B 层级中选出了 4 名学生，共 8 名被试作为本章的实证研究对象。他们分别是龙、瑞、皓、亮、丽、兰、涵、陆。笔者对 8 名学生进行了长达 3 小时的录像访谈。本章的"实验情境"均来自对该 8 名学生的记录。

本章特别关注的问题是：

a）在理解极限概念、语言中，大二学生表现出怎样的较稳定的认知特点？

b）大二学生在理解极限概念、语言中存在哪些错误心理倾向？

7.1 演绎层次的内涵

演绎（deduction）取自法律上的术语。法学家对一项法律行为（如占有财产）的研究，不仅要弄清事实，而且要弄清这一事实的合法性。无穷从表现形式上看分为无穷大和无穷小，无穷大是 Cantor 深入研究的对象。无穷小不是研究数量的无穷小（估计研究的意义不很大），而是研究无限逼近过程中的无穷小，称之为无穷小分析，即极限。根据笔者的划分，演绎层次包括无穷小分析和严密系统化两个层次,即极限概念和语言两个层次。

7.1.1 极限和无限的关系

无限本身不是一个数学概念,是一个范畴;而极限成为微积分的基本概念,是本文中无限认识的层次之一。极限是一个量对另一量的无穷逼近,而无限未必是两个量之间的关系。

数学无限有多种表现形式,如无限增大,无限延长,无限扩展,无限加和,无限逼近……而极限只是其中的一种形式:无限逼近。极限只是无限大家族里的一个成员之一。如果说 Cantor 的超限数理论主要研究无穷大,那么极限主要研究无穷小,微积分又称作无穷小分析。

从无穷级数的收敛来看无限和极限的关系,如

$$2 = 1 + \frac{1}{2} + \frac{1}{4} + \frac{1}{8} + \cdots$$

无穷级数的省略号暗示了无限逼近的过程,无限加和的结果是极限 2。中间所经历的无限项越来越小,越来越逼近极限值 2。

微积分里一般先从数列的极限入手有一定的道理,因为数列的罗列过程生动地再现了数的无限逼近过程和极限的关系。

7.1.2 极限的思想内涵

无穷小分析的思想是在前人思想的基础上发展而来的。主要经历了以下三个发展阶段,其主要发展思想遵循两条线,静态——动态,特殊——普遍(如图 7-1)。

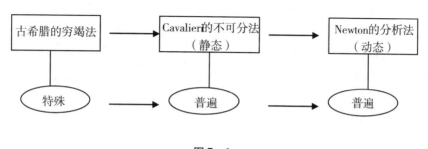

图 7-1

古希腊人用穷竭法求出了一些面积和体积，尽管他们只是对于比较简单的面积和体积应用了这个方法，但也必须添上许多技巧，因为这个方法缺乏一般性，他们还经常得不到数字的解答。Cavalieri 承认组成面积或体积的不可分量的数目一定是无穷大的，但他不想在这点上反复推敲。他指出，不可分法认为线是由点构成的，就像链是由珠子穿成的一样；面是由直线构成的，就像布是由线织成的一样；立体是由平面构成的，就像书是由页组成的一样。但 Newton 的思想有所不同。他认为变量是由点、线和面的连续运动产生的，而不是他在早期论文中所说的无穷小元素的静止的集合。直线不是一部分一部分地连接，而是由点的连续运动画出的，角是由边的旋转，时间段落是由连续的流动生成的……，Newton 的思想更多倾向运动的、分析的思想。(klein，1972，p.23)

Langrange 承认微积分可以在极限理论的基础上建立起来。但是，他说这种必须使用的抽象推理与分析精神无关。Euler 认为，极限、极限论是微积分的真正抽象……，它决不是微分学中的无穷小量的一个问题，它独特地是有限量的极限问题。他们都指出了极限的思想是动态逼近的思想。

什么是极限？当第一个量比人们的任何细微给定量都更密切地逼近第二个量时，第二个量就是第一个量的极限（D. Alembert）。函数的极限是指当自变量以某种方式变化时，函数值越来越趋近某一个常数（笔者主要研究函数极限，以下均指函数极限）。

极限中包含着丰富的的辩证哲学思想，分析其中的思想，有利于学生更加深刻理解概念。

（1）有限和无限的关系

$\lim\limits_{n\to\infty} a_n = a$

从左向右看，是无限向有限的转化；从右向左看，是有限中包含无限。

（2）量变 – 质变关系

有理数的序列 3.1，3.14，3.141，……的极限值为无理数 π，从近似值转化为精确，表现了量的变化引起质的变化。

（3）静态——动态关系

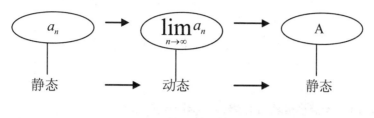

图7-2

图7-2表现了极限概念的静态-动态转化关系。

(4) 潜、实无限辩证关系

从潜、实无限思辨角度看,极限体现了潜、实无限的辩证统一(如图7-3)。

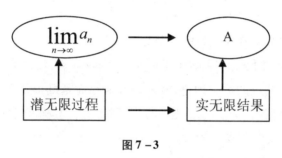

图7-3

7.1.3 语言的本质

德国数学家Weirstrass在理解实数系的深刻性质的基础上,给出了极限的$\varepsilon-\delta$方法,使极限的定义精确化、算术化。$\varepsilon-\delta$方法使极限可操作化,奠定了微积分的严密化的最终基础。严密系统化的本质是使得以前只能用语言描述的概念可以用数学符号表述,精确性和操作性是它的重要特点。在此基础上,使得极限(而不是几何图形或代数近似)真正成为微积分的坚实基础。(klein, 1972, p. 35)

7.2 演绎层次的标准尺度

7.2.1 无穷小分析(极限)的标准尺度

无穷小分析隐含着不是从几何直观、代数近似计算角度研究无穷小,而是从演绎分析的角度研究无穷小,从而对极限本质的考察成为极限的标准尺度。

(1) 在您看来什么是极限?请用自己的语言叙述极限的定义。

(2) 从极限的角度讲,什么是瞬时速度?切线?曲边梯形的面积?

7.2.2 严密系统层次的标准尺度

分析的严密化由 Bolzano、Cauchy、Weierstrass 等人完成的。特别是 Cauchy 提出了系统的极限理论,Weierstrass 在此基础上发明了函数极限的 $\varepsilon-\delta$ 定义,从而第一次形成了无限的严密系统化。其标准尺度的主要出发点是体现"无限操作的精确化"思想,具体题目如下:

(1) 为什么要用 $\varepsilon-\delta$ 语言来定义极限,请说出您的理由

(2) 写出函数 $y=f(x)$ 在 x_0 点可导的 $\varepsilon-\delta$ 定义

(3) 写出 $\lim\limits_{x \to x_0} f(x)$ 不存在的 $\varepsilon-\delta$ 定义

(4) 写出函数 $y=f(x)$ 在区间 $[a, b]$ 上可积的 $\varepsilon-\delta$ 定义

(5) 写出函数 $f(x)$ 在区间 I 上一致连续的 $\varepsilon-\delta$ 定义

(6) 写出函数 $\{x_n(t)\}$ 列一致收敛的 $\varepsilon-\delta$ 定义

7.3 研究结果一:大二学生对演绎层次的理解

7.3.1 大二学生对演绎层次的总体得分状况

SPSS 统计结果表明,大二学生的平均得分为 23.7 分,笔者以 24 分为界,将大二学生对演绎层次的理解分为 A、B 两个层次。(见表 7-1)

表7-1 大二学生A、B两个层次得分统计表

	A层次（得分低于或等于24分）	B层次（得分高于24分）
人数	41	26
总人数	67	67
所占百分比（%）	61.0	39.0

可以看出A层次所占百分比高于B层次所占百分比，说明67名知名高校的大二数学系学生演绎层次理解还存在误区。根据这个划分标准，笔者选出了大二学生个案研究的8名学生：龙、瑞、皓、亮、丽、兰、涵、陆，其中各有4人分属于A、B层次。

7.3.2 大二学生对极限的思想内涵的理解

（1）学生对极限的理解分类

·学生对"在您看来什么是极限"理解

表7-2 大二学生对"在您看来什么是极限"的答题统计

	无限趋近	无限趋近并达不到	规律或性质	操作	界线	空白	$\varepsilon-\delta$语言
人数	29	10	6	7	3	6	6
总人数	67	67	67	67	67	67	67
百分比（%）	43.2	14.9	9.0	10.4	4.5	9.0	9.0

从表7-2中可以看出，有9.0%的学生根本说不出什么是极限，9.0%学生认为极限就是$\varepsilon-\delta$方法。只有43.2%的学生认为极限是无限趋近的过程。对无限逼近的本质关系的认识还存在误区。

表7-3 学生对"瞬时速度、切线、曲边梯形"的理解

	无穷小量的近似	连续原理	无限逼近	某一瞬间的飞跃
人数	8	11	38	10
总人数	67	67	67	67
百分比（%）	12	16	58	14

从表 7-3 可以看出，只有 58% 的学生完整说出了概念的无限逼近思想。其余学生都对"瞬时速度、切线、曲边梯形"有自己的个性化、具体认识，但不是概念的本质。

· 实验情境：

I：请大家探讨自己对极限的理解。

龙：极限是无限趋近但永远达不到的过程。

……

丽：极限是一种操作。

……

就是要通过数列的很多项的操作过程。

兰：极限是边界，代表一个最后的界线。

涵：感觉极限就是语言。

……

因为老师一开始讲就是讲这个。

陆：极限就是数列的最后一项。是存在的最大的数字。

……

陆：数列总是明显连续的吧，按照规律总归有最后一项。

瑞：极限是无限趋近的过程。

I：你们平时想过这个问题吗？

（合答）：很少……几乎没有。

I：比如一个最简单的极限 $\frac{1}{2}+\frac{1}{4}+\frac{1}{8}+\cdots\cdots$，你认为是怎么无限逼近的？

龙：可以有 $\frac{1}{2^n}$ 项，无限逼近于 1，有个临界值，过了临界值后等于 1。

亮：无限加下去，没有尽头……总比 1 小 $\frac{1}{2^n}$。

龙：（反驳亮的观点）极限中不讲精确，几乎不考虑精确，就象宇宙飞船不考虑燃料的升温对宇宙飞船温度的影响……

龙：……他（亮）意思永远加下去，表示他是无限大……

……我的意思是最终结果是有限的,是个确定的值。……

总之,学生将极限看作可能存在的最大数字、比任何可得的数字大的数字、永不完结的最后一个数字……

对极限本质理解的一个典型的分歧体现在对常数数列的极限的认识上。

·实验情境:

亮:定义上说无限趋近于某个常数,那么常数列已经达到了,常数列不是应该没有极限吗?

丽:极限是最后一项,所以常数列的极限就是常数。这可以解释这一点。

陆:极限是边界也可以解释常数数列。

……

总体来说,学生对极限的理解可以分成动态观点和静态观点两大类。(表7-4)

表7-4 学生对极限的隐喻分类

静态观点	动态观点
达不到的边界(数或点)	当 x 趋向于确定值时函数的运动
任意接近的数值	接近而永远达不到某数
是一个要怎么精确就怎么精确的近似值	插入某些数到达极限

(2)大二学生对极限理解存在"函数值的项"错误认知

表7-5 大二学生对极限理解的错误认知

错误观点	龙	瑞	皓	亮	丽	兰	涵	陆
单调递增(或递减)	×							
函数最后一项		×	×	×		×		
各项明显、连续出现		×	×	×			×	

从表7-5中可以看出,学生最容易出的错误观点集中于"项的讨论"上。尽管学生对极限的概念理解了,但构建心理模式又是另一回事。在涉及无限的理解困难中,存在着某种复杂的心理内涵。接受无限的定义、定理和

逻辑推断是一回事,在各种真实的心理情境中思考,解释无限又是另一回事。(*Fischbein*,1979,*p.*9)

笔者对瑞、皓、亮三位同学作了访谈。

实验情境:

I:对极限的这些观点你们可以谈谈吗?

瑞:从运动的观点看,应该存在最后一项,应该是极限吧。

皓:没有各项都明显出现的话,好像得不到极限吧。

亮:我当时感觉后两个观点是对的,现在要更正。

I:为什么?

亮:极限应该是一种变化状态,和函数的项没有多大关系。

I:你肯定吗?

亮:应该是没有关系。

分析:亮的观点改变反映了学生的心理倾向性,亮开始对极限存在"函数值的项"的心理趋向,经过一段时间(半小时)后,他的观点变了。说明学生极易形成极限的"函数值的项"认知,对于初学者而言"函数值的项"认知并不是亘古不变的,改变"函数值的项"认知需要时间。

7.3.3　大二学生对语言的理解

Tall,*vinner*(1981)以及 *willians*(1990)认为,学生的动态观念阻碍学生发展形式化观念。ε-δ 操作语言将难以言传的极限用符号操作表示出来,但符号操作本身并不比极限的涵义容易理解。

(1)　ε-δ 语言的隐喻

·层次分解

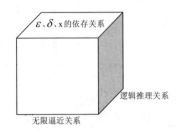

图 7-4

如图7-4所示,笔者将$\varepsilon-\delta$语言分解为三个层面。第一个层面是极限的无限逼近内涵。连续是$x \to x_0$时函数值的无限逼近,可导是$x \to x_0$时函数变化率的无限逼近,可积是无限分割过程中积分和的无限逼近。

第二个层面是逻辑推理关系。极限的$\varepsilon-\delta$定义很难,可能难在它根据非凝聚的、发散的过程来定义:任意给定ε,我们找到δ。这不是一个有结果的定义。如果学生能抓住$\varepsilon-\delta$语言的逻辑推理关系,兼顾代数推导和集合论常识,也许学生更容易理解$\varepsilon-\delta$语言。(*Dubinsky*,1997,*p*18)

第三个层面的隐喻是ε、δ、x的依存关系。即对任意ε,怎样找δ?如图7-5,使用逆推法,以$f(x)$与x的函数关系为中介,找出$\delta(\varepsilon)$。

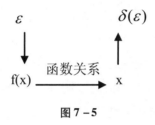

图7-5

无限逼近笔者已在7.1作了说明,这里不再赘述。以下笔者分别重点阐述逻辑推理关系和ε、δ、x的量化关系的理解现状。

· $\varepsilon-\delta$定义的意义——无限操作的精确化

笔者对67名学生作如下调查统计,调查问题是:为什么要用$\varepsilon-\delta$语言来定义极限,请说出您的理由。统计结果如下(表7-6):

表7-6 大二学生对定义的意义的认识统计

	可操作性	精确性	其它
人数	21	28	18
总人数	67	67	67
百分比(%)	31	42	27

其中认为是可操作性的占31%,并非多数人的观点。可操作性不等同于机械的步骤,而是蕴涵着丰富内涵。笔者以为,可操作性是$\varepsilon-\delta$语言最重要的意义所在。可操作性指"任意性——存在性"的动态逻辑体系,是$\varepsilon-\delta$

语言的核心部分。"可操作性"包括操作的基本思想、基本尺度、如何操作。ε-δ 语言是存在性证明,这是基本思想。正因为"存在性",所以答案并非唯一,但是要遵循一定的基本尺度。比如,将

$(|f(x)-A|<\varepsilon)$

放缩时,朝有利于得到式子

$|x-x_0|$

的方向放大,而不是无原则、无目的地操作。总之,对 ε-δ 语言的可操作性的理解就是对 ε-δ 语言证明的合理性(warrant)和有效性(validation)的理解。

精确性也涵义丰富。在 ε-δ 语言发明之前,人们对极限的认识是描述性的,用"越来越靠近,距离要怎么小就怎么小"等描述性语言来形容。在微积分发明之初期的 Newton–Leibniz 时代,人们用"无穷小量"来摹写无限逼近,但后来被认为是不严密的。只有当 Cauchy 创立了极限论后,德国数学家 Weirstrass 在理解实数系的深刻性质的基础上,给出了极限的 ε-δ 方法。所以只有 ε-δ 语言用数学语言精确地描述了极限,完全不同于以往对极限的经验性的、模糊的叙述。对比历史,方可理解 ε-δ 语言精确性的内涵。

· 隐喻的三个层面的协调

Dubinsky(1996)认为,为了构造定义域的趋近过程(domain process),学生构造值域的过程(range process)。但似乎不用函数去协调某个值域的过程。两个过程似乎单独存在,函数似乎被遗忘了。我的建议是,构建定义域趋近过程和值域趋近过程,并用函数协调他们。

Dubinsky 说"函数似乎被遗忘了",原因何在?笔者以为,是由于学生没有协调隐喻的"三个层面"的关系。

无限逼近关系 $f(x) \to A$ 中暗含着 $x \to x_0$ 定义域、值域、极限三者的逻辑推理关系,在此基础上形成 ε、δ、x 的依存关系。

无限逼近关系的外在表现形式是"差的绝对值任意小",逻辑推理关系的外在表现形式是正推-逆推关系的交替运用。ε、δ、x 的依存关系就是 ε、δ、x 的数量关系。只有梳理了三种关系才能形成 ε-δ 方法的整体图式。(如图 7-6)

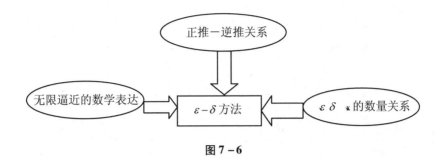

图 7-6

按照 ED Dubinsky 的 APOS 理论,图式的建立需要在实践、试误中逐步反省、总结,经历活动、过程、对象的螺旋上升,逐步形成 ε-δ 方法的图式。许多学生只有到学完了整个微积分才理解极限的 ε-δ 方法,原因大体就在于此。

(2) 学生对 ε-δ 方法的总体得分现状

·得分状况

由 SPSS 统计数据计算可知,学生的 ε-δ 定义的总体平均得分为 19 分。分数分布如下(表 7-7):

表 7-7 大二学生定义得分分布表

	20 分以下(包括 20 分)	20 分以上
人数	25	40
总人数	65	65
所占百分比(%)	37.0	63.0

学生得分特点是高分层人数多于低分层人数。从答题情况看,67 名大二学生对 ε-δ 定义的掌握较好,67 名被试全部来自知名高校数学系,那么他们可能出现的错误现象就有一定代表性。

(3) 对 ε-δ 方法中逻辑推理关系的理解

考察题:写出 $\lim\limits_{x \to x_0} f(x)$ 不存在的 ε-δ 定义

选题说明:按照 APOS 理论,当"活动"(action)不断地被个体重复并反省它,动作已经自动化了,不再需要外部刺激,个体已经形成内部动作时,"活动"就内化为"过程"(process)。外在表现为个体能够从逆向推导数学概念,并构造更复杂的"活动"。从机械的活动到形式过程阶段,最重要的标志是逆向思维。用 $\lim\limits_{x \to x_0} f(x)$ 不存在的 $\varepsilon\text{-}\delta$ 定义可以基本考察学生掌握 $\varepsilon\text{-}\delta$ 定义的逻辑推理关系的状况。

表7-8 极限不存在答题统计

	答对人数	答错人数	空白
人数	51	11	5
总人数	67	67	67
百分率	76.1%	17.8%	6.1%

从表7-8中可以看出，有76.1%学生基本掌握了 $\varepsilon\text{-}\delta$ 定义的逻辑推理关系。笔者关心的是对于答错的学生，错误原因何在。

从问卷中发现，学生出现的典型错误是忽略了 $\varepsilon\text{-}\delta$ 定义中 ε 和 δ 的顺序。靠机械记忆的学生极可能混淆极限不存在中的 ε 和 δ 的顺序。顺序问题并非笔误，它是一面镜子，反映了学生对逻辑推理关系的认识程度。即使答对的学生也有涂改的痕迹（见图7-7）。ε 和 δ 的顺序问题成为笔者关心的焦点问题。

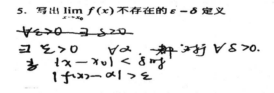

图7-7

实验情境：陆（S）对自己答题有困惑。和笔者（I）对话如下：

I：你在理解中有没有出现颠倒 ε 和 δ 顺序的现象？

S：也有。

I：为什么呢？

S：觉得定义有点突兀，总是忘记了顺序，好像我是靠记忆写下来的。

……

S：好像和以前我们的证明有点不一样。

I：以前证明是什么样的？

<<< 第七章 研究结果（四）：演绎层次

S：以前是一步步推理，然后得出证明。

I：一步步推理指什么？

S：比如定理、公理、计算等等。

S：似乎不能对应任何特殊的数

……

任意的 ε>0，似乎显得很突兀，不能对应任何特殊的数字。

……

感觉好像不是证明，只是按照程序走一遍似的，最终总可以作到那个结果。

什么结果？

就是找到一个 δ

……

实验情境：龙很自信，对 ε-δ 语言有欣赏的态度。他的总体无限量表得分 24.90 分，属于得分很高的学生。

I：你在解题中有没有颠倒了 ε 和 δ 顺序的现象？

S：一般没有。

I：为什么？

S：我总想着函数 f(x) 无限逼近 A 的过程，好像有一幅画面一样。

S：对于任意的 ε，总有 δ……，这个顺序就不会错了。

S：这是一个永远也作不完的过程。

I：和从前的证明方法比较，你怎么看这个证明过程？

S：好像是有点不一样。但这个证明很高明耶。

I：怎么高明？

S：因为可以包括无限多个重复的过程。

S：要多少个有多少个。

……

分析：龙的有效语言谈话中出现了 4 个动态语言，0 个静态语言，并有形象的比喻。

对其它 6 位被试也作类似的实验，并分析他们使用语言的性态：静态和

动态。同时列出他们的答题情况。(见表7-9)

表7-9 关于"和顺序"问题的实证研究

被试	静态语言	动态语言	静态语言频率	动态语言频率	答题情况
龙	0	4	0	1	正确
瑞	2	3	0.4	0.6	正确
皓	2	4	0.33	0.67	正确
亮	4	1	0.80	0.20	错误
丽	2	4	0.33	0.67	正确
兰	1	3	0.25	0.75	正确
涵	2	2	0.5	0.5	正确
陆	4	2	0.67	0.33	错误

Schwank（1986，p.20）提出认知结构（特征性与功能性）上的个性差异理论，以及对于认知结构和认知策略关系的分析。她指出，"那些偏爱特征性认知结构的人，在问题情境中活动时优先表述活动对象间的静态关系，分析问题时重点放在事物的结构及其描述上；他们在说明实施行动时，总是优先描述行动实施和结果的关系；他们更善于感受事物的精确性，对复杂过程的感觉和分析能力却比较弱"。(Schwank，1996，p12)

"那些偏爱功能性认知结构的人，很少直接分析事物间的关系和事物的结构，而是对过程有清晰的感受能力，善于对作用原理进行思考；他们会直接考虑组织某一过程所需的努力与费用（不是马上估计最终达到的结果）；他们很少清晰、精确地表达事物间的关系"。(Schwank，p.12~13)

初等数学学习阶段，学生以静态思维为主。如处理特殊计算、程序性演绎等，如求函数的值，求方程的根等。静态思维比较适合于偏爱特征性认知结构的人。$\varepsilon-\delta$定义的逻辑推理以动态思维为主，是和求值、求根的静态思维完全不同的思维方式。对于偏爱功能性认知结构的人而言，动态思维是他们所习惯的。

从表7-7看出，两个答错的学生静态语言频率都很高，静态思维应该是学生难以理解$\varepsilon-\delta$定义的逻辑推理关系的原因之一。

(4) 对ε、δ、x的依存关系的理解

· 对大二学生的 ε、δ、x 依存关系的考察

问题：请写出函数 y = f(x) 在 R 上的一致连续的 ε-δ 定义。

选题说明：函数在区间上的连续性和一致连续性是两个不同概念。主要区别在于 ε、δ、x 的关系。函数在区间上各点的连续性中的 δ 不仅由 ε 决定，还和区间的任意点 x 有关，不同的点对应的不一样；函数在区间上的一致连续性仅仅和 ε 有关，和区间的点无关。所以笔者以为，能够区别二者的关系，正确写出函数一致连续的定义能考察学生是否理解 ε、δ、x 三者关系。

表 7-10 一致连续的考察统计

	正确答案	混淆 ε、δ、x 的关系	完全空白
人数	31	25	11
总人数	67	67	67
百分率	47.8%	37.3%	14.9%

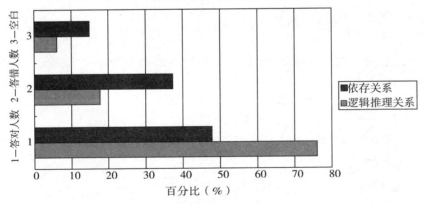

图 7-8

从图 7-8 可以看出，从逻辑推理层面讲，学生得分更高；从厘清 ε、δ、x 的依存关系层面讲，学生表现差一点。ε-δ 定义中 ε、δ、x 的依存关系应该是学生感觉更困难的地方。

· 实证研究：本实证对 8 名学生采取了出声思维的方法，前测时学生普遍出现的现象是愿意写，不原意说。故笔者采取代写的办法。即被试说，笔

者写。测试前每个被试都经过了一次训练，以让他们适应这种方式。训练后，8名学生都基本能适应出声思维。

实验情境：

笔者出示卡片：用极限的 ε-δ 定义证明：$\lim\limits_{n\to\infty}\sin\dfrac{\pi}{n}=0$

龙的笔录：

……任意 ε，找 N，使得 n > N 时，$\sin\dfrac{\pi}{n}$ 和 0 的差的绝对值小于 ε……

……就是 $\sin\dfrac{\pi}{n}$ 的绝对值小于……

（沉思片刻）

……要找 N，怎么找呢？……

……$\sin\dfrac{\pi}{n}$ 是不是小于 $\dfrac{\pi}{n}$？……

……好像是的，对，是的……

……只要 $\dfrac{\pi}{n}$ 小于 ε 即可……

……算一下结果，（被试心算 $\dfrac{\pi}{n}<\varepsilon$）……

……应该是 $n>\dfrac{\varepsilon}{\pi}$，取 $N=\dfrac{\varepsilon}{\pi}$……

其他 6 位同学瑞、皓、亮、丽、兰、涵的思路与他大致相同。但陆的思路和他们有差别。

陆的笔录：

……对于任意 ε……

……要找 N 使得 $|\sin\dfrac{\pi}{n}-0|<\varepsilon$……

……就是找 $|\sin\dfrac{\pi}{n}|<\varepsilon$……

……只要解这个不等式，解出 n 就可……

（笔者问：怎么解？）

……我要用笔算，口算解不出……

(笔者：你怎么想的就怎么说)

……用反三角函数吧，符号还是小于吗？……

……$\frac{\pi}{n}$ 可以小于 arcsin ε 吗？……

……好像不行。大致差不多吧……

……那么只要 $\frac{\pi}{n}$ < arcsin ε 中解出 n ……

（她开始心算）

…………n > $\frac{\pi}{\arcsin \varepsilon}$

……取 N = $\frac{\pi}{\arcsin \varepsilon}$ 就可以了……

出声思维后，笔者立即单独找龙和陆作了个别访谈。

主试：你证明时本来想证明 $\sin \frac{\pi}{n}$ 的绝对值小于 ε，怎么想到了想证明 $\frac{\pi}{n}$ 小于 ε 呢？

龙：好像很多题目都是这样的，习惯性的。

龙：$\sin \frac{\pi}{n}$ 不太好求 n 的范围。

主试：为什么可以这样作呢？

龙：当然了，只要找出一个 N 就可以，不必拘泥于范围。我可以用简便办法找，当然你要用什么办法找那是你的自由，找到就行。

龙：我们系主任说的话，我印象很深。他说条条道路通罗马。他是博导，给我们讲数学分析。

……

陆的访谈记录：

主试：你证明时想证明 $\sin \frac{\pi}{n}$ 的绝对值小于 ε，怎么想到一定要解出不等式 | $\sin \frac{\pi}{n}$ | < ε 呢？

陆：因为要找 N，只有通过这个式子来找。

主试：没有别的途径了吗？

陆：函数式子的关系摆在这里，应该是吧。

……

分析：对比龙和陆的谈话，可以看出他们思考方向的差异。龙的思维重点是"找到 N 就可以了，简便方法最好"，他不是拘泥于函数，而是集中于找 N。陆的思维受"函数式子"的拘束，没有把重点放在找 N 上，而是抓住函数的自变量和因变量的关系不放，不愿意脱离函数关系寻求找 N 的简便方法，似乎一定要通过函数关系式 $y=f(x)$ 找出 N。这和前面分析的将极限看作"函数值的项"错误认知如出一辙。学生在找 ε、δ、x 依存关系时同样受"函数关系式"的约束。

7.3.4 大一学生对定义中包含的"有分界"的无限的理解

（1）ε-δ 定义包含的无限是有"分界"的无限

· ε、δ 具有任意性和存在性双重内涵

ε 具有双重性，一方面，它代表任意大于 0 的正数，取 ε 可以，取 $\frac{\varepsilon}{2}$，$\frac{\varepsilon}{3}$…也无妨，不影响它的任意性；另一方面，ε 一旦给出就代表一个给定的量，可以由 ε 确定出 δ 值，δ 常常表示为 $\delta(\varepsilon)$。

δ 取决于 ε，所以 δ 也有双重性，一方面，它由 ε 决定、与 x 有关，ε 是任意的，δ 也具备任意性。另一方面，它要求具备"存在性"，是实实在在存在的量。

ε 和 δ 双重性暗含"潜无限"、"实无限"的和谐统一，无限和有限的有机融合。如果对于 ε 只看到它的任意性，看不到它的确定性（一旦给出，可以看成确定的量），就难以理解由 ε 决定 δ 的推理过程；如果只看到 δ 的存在性，而无视 δ 的任意性，则无法理解"无限逼近"内涵。对 ε 和 δ 的内涵理解要做到"既见树木，也见森林"。

· 无限操作过程的分界性

任意 ε 代表无穷多项，但并不要求所有项的逼近，而是分界值 N 后面的无穷项的逼近；用无穷项作逼近，没有必要用所有项作逼近。整个过程是无限操作过程。具体框图见图 7-9：

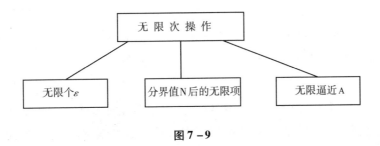

图 7-9

在 ε-δ 方法中，对于任意 ε，找到的 δ(ε) 也可以看作分界点，界内的无限点都满足 |f(x) - A| < ε。至于界外的点是否满足这个条件无关紧要。需要的是分界值内的无限项，不一定需要所有项。并且分界点并不唯一。正因为 ε-δ 方法的无限具有分界性，才使得无限逼近过程的操作成为可能，也就是说，ε-δ 定义的可操作化是对"有分界点"的无限项的操作，操作的核心是"分界点"。

· ε-δ 定义中的无限直觉分析

从表面上看，极限似乎完全演绎了潜无限，"越来越逼近"、"无限趋近"、"要多靠近有多靠近"等语言似乎明白地诠释了潜无限。事实并非如此，从潜无限到实无限的飞跃或许有个临界（徐利治，2000，p.96）。其实 ε-δ 定义中蕴涵着实无限。如图 7-10 所示，任意 ε 代表无穷个数，分界值 N 后面的无穷项都暗含着可以达到的实无限，无限次操作也是可以完成的实无限操作，而无限逼近过程则看作潜无限直觉。只有理解了 ε-δ 定义中的实无限涵义才能真正理解极限定义。

ε-δ 定义的潜、实无限直觉分析图

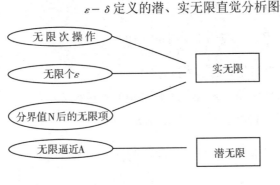

图 7-10

· 从集合论角度理解定义的"有分界"的无限

ε-δ方法中满足不等式的无穷点是有"分界"的无穷，不是所有项的无穷。这一点可以从集合论角度加以诠释。一个无穷集合去掉部分有限项，无穷集合仍然有无穷项，有限项的取舍不影响集合的无限性，Cantor称这种性质为无限集合的"部分对应整体"，是无限集合的本质特性。从集合论理解ε-δ定义的"有分界"的无穷，可以更清晰梳理无穷的涵义。笔者以数列极限为例画图（图7-11）说明。

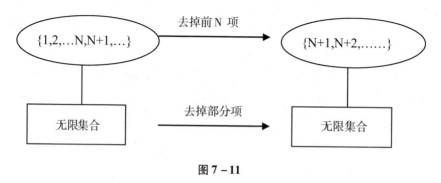

图7-11

N（ε）相当于一个分界点（并非唯一），临界值N（ε）右边的数都符合不等式 $|a_n - A| < \varepsilon$，至于左边的有限项是否符合无关紧要，部分有限项的取舍根本不会对无限集合的本质造成影响。

（2）实证研究

研究对象：大一学生杰、栋、宇、豪、芹、悦、硕、枫，时间是刚学完ε-δ定义，准确说只上了两次ε-δ定义课。

研究内容：用ε-δ定义证明 $\lim\limits_{n \to \infty} \dfrac{1}{n^2} = 0$

研究形式：笔者组织的集体讨论。

主试：大家刚刚学了ε-δ定义吧，有什么感想？

悦：我感觉好像程序化，在说套话，不像证明。

主试：我们一起来看看书上的例子 $\lim\limits_{n \to \infty} \dfrac{1}{n^2} = 0$ 的ε-δ证明过程，好吗？

$\forall \varepsilon > 0$，要使 $|\dfrac{1}{n^2} - 0| < \varepsilon$

只要 $\frac{1}{n^2} < \frac{1}{n} < \varepsilon$，$n > \frac{1}{\delta}$

取 $N = \left[\frac{1}{\delta}\right]$ 即可

主试：为什么可以将 $\frac{1}{n^2} < \frac{1}{n} < \varepsilon$ 这样放大处理呢？

杰：因为只要找到 N 就可以了。

杰：因为 $\frac{1}{n}$ 简单一些，$\frac{1}{2n}$ 也可以吧，设 $n > 1$，不放大也行。

芹：N 可以不唯一，这就是我不懂的地方。

硕：我也有变魔术的感觉。

杰：好像只有 N 后面的项满足不等式就可以了。

豪：可是，为什么不是要求所有项都满足不等式 $|\frac{1}{n^2} - 0| < \varepsilon$ 呢？有点不明白。

杰：没有必要。这样就无法操作了。

宇：似乎不像以往的证明那样明白。

枫：感觉好像不太习惯。

分析：大一学生杰表现得与其他同学的最大区别是搞懂了为什么"只有找到 N 就行"的道理。而其他同学的困惑就在这里。其他同学更习惯于一般的演绎证明，而不能适应存在性证明。杰实质理解了 ε-δ 定义是"有分界"的无限项逼近，所以能够把握存在性证明实质。

学生能否抓住 ε-δ 定义中的"有分界"无限，是理解 ε-δ 定义的关键。这与学生的无限直觉水平和无限思辨能力有关。从前面的实证研究看出，杰是一个无限分析水平较高的学生，其总体无限量表得分25.6分属于较高层次。如果学生的无限直觉水平、无限思辨能力较差，很难想象他能够深刻理解 ε-δ 定义，能够游刃有余地操作 ε-δ 定义；相反，学生无限直觉水平、思辨能力较高无疑能促进他对 ε-δ 定义的理解。笔者以为，理解 ε-δ 定义中的"有分界"的无限意义重大，是理解可操作性的关键。

7.4 研究结果二：大二学生对涉及极限的数学概念的定义的理解

7.4.1 微积分总体无限逼近思想的几何直观——以直代曲

微积分的两个重要方面：微分学和积分学分别以可微和可积的概念为基础。可微的定义满足式子：

$$\Delta y = A\Delta x + o(\Delta x)$$

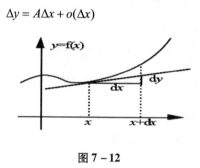

图 7-12

如图 7-12，当点 x+dx 无限逼近点 x 时，一小段曲线就被看成直线，称为"以直代曲"，或称可微函数具有"局部平直"（local straight）特性（Tall，1992，p.12）。其实质是在微小局部将给定的函数线性化。Tall 认为，"以直代曲"思想是微积分的认知本原（cognitive root）。

可积函数也是如此（如图 7-13）。

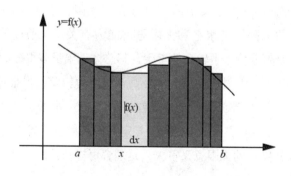

图 7-13

相反，如果函数图像不具备"局部平直"的线性特性，函数就不可微。如雪花曲线的局部放大图形（见图7-14）。雪花曲线是一条处处连续、处处是尖点、无切线的曲线。它在每一点都不"局部平直"，所以在每一点都不可微。

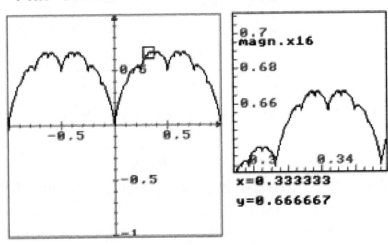

图7-14

· 连续的几何解释

连续围绕着几何概念的发展，学生着重于图形观念的理解。

Eulid 说，点，行则成线。"行"是运动，"线"人们都认为是连续的。意思是，运动产生连续性。

设有线段 PQ，动点从 P 到 Q，必先经过 P 的邻点 P_1，在点 P 和 P_1 都没有运动。在从 P 到 P_1 的过程中，动点既在 P，也在 P_1，将 P 和 P_1 结合成一个整体向前移动，这就是连续。动点建立了邻点间的连续性，PP_1 这个整体称为连续体，显然 $PP_1=0$。动点由 P_1 到邻点 P_2 时，情况也是一样，接下去的邻点 $P_3P_4……P_i$ 都是这样，而且 $PP_i=0$，都是无穷小量。动点继续前进直到 Q 时，排列在 PQ 上的点成为一个连续体，叫做线段。移动点 P，PQ 整个跟着移动。人们一向认为线段有连续性，就是这样来的。

正如运动的点连成线，点 $f(x)$ 无限逼近 $f(x_0)$ 形成连续（如图7-

15)。连续始终和图像紧密相联。

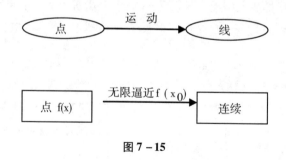

图 7-15

7.4.2 大二学生对连续、可导、可积的极限思想的理解

(1) 无穷逼近

实证说明：分别让 8 名学生用自己的语言说出连续、可导、可积的定义，对各个学生单独进行提问，学生之间没有受到相互干扰。并作了录音。

以下是学生瑞的谈话录音：

主试：你能用自己的语言、根据自己的理解说说什么是某一点连续吗？

瑞：这个让我想想，不能用书上的话吗？

主试：主要是要用自己印象最深的话说出来。

瑞：应该是自变量趋近于 x_0 时，对应的函数 $f(x)$ 趋近于函数值 $f(x_0)$。

瑞：表现在图像上就是没有间断点。

主试：怎么趋近呢？

瑞：越来越靠近。

主试：什么叫在某一点可导呢？

瑞：函数的变化率的极限。

瑞：就好比是割线无限逼近于切线。

主试：极限怎么取？

瑞：函数变化率无限逼近于一个常量。

主试：什么叫在某一点可积呢？

瑞：是积分吧。

瑞：作积分和，取极限。

主试：极限怎么取？

瑞：将区间无限分割，越来越细，最后趋于0。

主试：是近似面积还是精确面积？

瑞：我从前没想过这个问题，让我想一想。

瑞：应该是精确面积，好像是近似，不太清楚。

……

分析：瑞的谈话中包含了4个涉及无限逼近语言，其中有2个还是在主试的提示下说出的。还有4个非无限逼近语言。对概念中的无限逼近的思想认识并不太深刻。

对其余七位同学的谈话也作了相应的录音。将他们的谈话整理如下：

表7-11 对大二学生连续、可导、可积的实证研究统计

	涉及无限 逼近语言	非无限 逼近语言	无限 逼近频率	非无限 逼近频率
龙	4	5	0.67	0.33
瑞	4	4	0.5	0.5
皓	3	6	0.33	0.67
亮	5	4	0.56	0.44
丽	6	4	0.60	0.40
兰	5	3	0.63	0.37
涵	5	6	0.46	0.54
陆	3	5	0.38	0.62

从表7-11可以看出，8个学生有5个对连续、可导、可积中使用无限逼近的语言频率超过50%。学生对概念中的无穷逼近思想有一定程度的认识，但并非认识很深刻。如果过多使用非无限逼近语言，不利于对概念的准确理解。对连续、可导、可积中无限逼近思想的认识应该成为理解概念的首要目标。

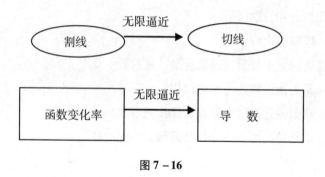

图 7－16

(2) 可积的错误心理模式

访谈中出现的典型错误现象是,学生不清楚用什么量对可积作无穷逼近,使用语言不够准确,对"无穷小分割"没有正确认识。关注的焦点是对定义域区间的分割。Δx_i 是划分 n 个区间中最长的区间,只有保证 Δx_i 趋于 0,才是"无限分割";划分 n 趋于 ∞,并不一定保证区间无穷小,就不能用小矩形代替小曲边梯形。

实证研究:

下面两个式子,哪一个或两个是定积分的准确定义?

(A) $\lim\limits_{\Delta x \to 0} \sum\limits_{i=1}^{n} f(\xi_i) \Delta x_i$ (B) $\lim\limits_{n \to \infty} \sum\limits_{i=1}^{n} f(\xi_i) \Delta x_i$

表 7－12 大二学生对"可积"的认识

	选 A	选 B	选 A、B
龙	×		
瑞	×		
皓			×
亮	×		
丽	×		
兰			×
涵		×	
陆	×		

从表 7－12 可以看出,5 个同学选 A,1 个同学选 B,2 个同学选 A、B。说明部分学生对可积的"无限小分割"还存在错误认知。

(3) 考察分析

从课程体系看，可导、可积的 $\varepsilon-\delta$ 定义不是重点内容。这与微积分的发明历史有关，翻开数学史可知，是先发明了可导、可积的概念，然后才有微积分的严密化－极限理论。所以，可导、可积概念用得比较多，但对其 $\varepsilon-\delta$ 定义强调不多。正因为如此，笔者试图借这两个概念的 $\varepsilon-\delta$ 定义，考察学生对可导、可积的无限逼近思想的理解程度。

实证说明：对 67 名被试作了如下测试：

写出函数 $y=f(x)$ 在点可导的 $\varepsilon-\delta$ 定义；

写出函数 $y=f(x)$ 在区间 [a, b] 上定积分的 $\varepsilon-\delta$ 定义。

学生在规定的时间内完成了测试。统计结果如下：

表 7–13　学生对 $y=f(x)$ 在点可导答题统计

	完全正确	不太正确	空白
可导（%）	59.7	35.8	4.5
可积（%）	34.3	19.4	46.3

67 名学生中完全正确地写出可导、可积的 $\varepsilon-\delta$ 定义的分别占 59.7% 和 34.3%，这个数字结果和前面实证研究的结果一致：学生对可导、可积中的无限逼近认识不足，亟待提高。

7.5　对高校数学教授定义的理解的一点调查

教师的教学思想对学生的理解影响颇深。教师的行为受其教学思想的支配，学生在教学中受到潜移默化的影响。笔者以为很有必要了解教师的 $\varepsilon-\delta$ 定义的主体思想。

笔者访谈的第一位 L 教师是某重点师范大学的一位博士生导师，他这学期担任数学系大一新生的数学分析课，具有丰富的数学专业知识和数学教学经验。

I：您认为什么是极限？

L：极限就是无限逼近。

I：有的学生说极限就是达不到的值，你怎么看？

L：达不达得到不去管，这不是极限关心的重点。

I：什么是极限的 ε-δ 定义？

L：要想描述越来越接近这件事情，你是否承认 ε-δ 定义是个精确的语言？

L：如果不承认，你就给我一个更好的方法。我来反驳你。在辩论中才可以悟出真理。或者，你现在能用数学方法证明极限吗？

L：你肯定不能。那我们就采用 ε-δ 方法，你要承认它是对的。那么无非是对于任意的小于 ε 的区间，都可以找到一个 N，使后面的函数值都落在这个小于 ε 的区间内。

L：这是一个好方法，你如果能想出一个更好的办法那当然好。

I：您认为为什么 ε-δ 定义难学，也难教？

L：因为首先极限的朴素定义就难以理解。什么是极限，你能用自己的语言说出来吗？

L：很难说出来。认识极限不是一件容易的事情。要不然怎么说 Newton-Leinbniz 发明微积分是伟大贡献呢。

I：我发现很多学生的错误是 ε 和 δ 的顺序错了，这是什么原因？

L：顺序搞错了，就是逻辑关系不懂。

I：有的文科学生认为 ε-δ 定义完全不是证明，你怎么看？

L：理解是有个层次问题，有个门槛。以往初等数学学的都是构造性证明，而这里是存在性证明。

L：文科学生不需要，他只要知道怎么推理，ε-δ 定义的严密性是可以得到更多的有意义的结论，应用范围更广。

I：有人说，既然越来越接近，一定有个临界值，过了临界值就不一样了，就取得极限了。这好像和 ε-δ 定义中找一个 δ 类似。您怎么看？

L：临界值是不科学的，因为 δ 并非唯一，只要操作能进行下去就行。二者的思想好像有点相似。

I：怎样才能学好 ε-δ 定义？

L：反对有人拿一个很难的证明题来问我，每一步他都听不懂，还不如把书上的每一步都搞懂。做几个典型的题目即可。

I：您认为怎样教好 ε-δ 定义？

L：这个是经验，说不清楚。只能意会，不能言传。

从访谈中可以看出，首先，L 教师对极限的 ε-δ 定义的定位是一个精确的、操作性的方法，而且用肢体动作形象地表述这个操作。并指出这个证明是存在性证明，非构造性证明。他对错误现象的分析可以看出他的独到观点（图 7-17）。

图 7-17

其次，对临界值的探讨再次阐明了 ε-δ 定义的"可操作性"本质。ε-δ 定义不用讨论临界值，只是"操作"一个分界值，无限逼近过程中是否有临界值这不是 ε-δ 定义关心的问题。

最后强调了理解极限思想的重要性。其概念图式的协调在于对整个极限思想的正确把握。他还指出了教学中怎样教好 ε-δ 定义是"默会知识"，难以言传。

7.6 替代定义的某些尝试

ε-δ 定义晦涩难懂，很多人尝试用其它方法替代 ε-δ 定义，如何处理这个难点，目前大体上是三种方法：

（1）干脆不讲严格的极限理论，只要求学生会求导数、算积分。

（2）不惜花费学时，让学生学好严格的极限理论，打好数学基础。

（3）先让学生直观地掌握概念及运算法则，以及求微积分的方法，后面再补上极限这一课。

与此不同的是，张景中院士采用第四种方案，就是绕开 ε-δ 定义，用"不等式法"改造极限理论，使它变得简单易学，又丝毫无损它的严格性。

7.6.1 张景中院士的"不等式法"的思想

"不等式法"的核心思想是无穷小列。什么是无穷小列？其定义是：设 是无穷数列，如果有一个无界不减的恒正数列 D_n，使对一切 n 有 $|a_n| \leq \frac{1}{D_n}$，则称 $\{a_n\}$ 是无穷小列。在无穷小列的基础上，定义极限的概念就是，若 $\{b_n - A\}$ 是无穷小列，则说数列 $\{b_n\}$ 以 A 为极限。也就是说，将数列 $\{b_n\}$ 的敛散性转嫁到数列 $\{b_n - A\}$，方法是比较 $\{b_n - A\}$ 和 $\frac{1}{D_n}$ 大小。"不等式法"和极限的基本思想一致，二者的共同出发点都是不等式，二者具有逻辑上的相容性。

张景中院士用这种方法证明了数列的极限和函数的极限，并用"不等式法"改造了函数的极限定义，左、右极限定义，使得学生可以绕开 $\varepsilon - \delta$ 定义也可以学好极限。并自成体系，相互之间毫无矛盾。

7.6.2 张景中院士的"不等式法"的意义

$\varepsilon - \delta$ 定义的晦涩在于它与学生的确定性思维习惯的冲突，张景中院士的"不等式法"似乎缓解了学生的思维冲突，符合学生的有限思维习惯。在初等数学里，学生对不等式也有所接触，应该并不陌生，所以他的方法自有他的优越性。

但是，笔者以为，从一般性来讲，"不等式法"似乎存在某种缺陷，因为它依赖于无界不减数列的 D_n 存在性，无界不减数列是比较特殊的数列，因而相对于 $\varepsilon - \delta$ 定义，"不等式法"的一般性似乎要差一些。如果找不到无界不减数列 D_n，怎么证明函数的极限呢？无界不减数列 D_n 与 $\{b_n\}$ 原数列没有必然的联系，所以，这种方法就有某种局限性。而 $\varepsilon - \delta$ 定义中，ε 是任意的，δ 取决于 ε，并与 x 有关。

为此，我和某高校的资深博导 W 教授就这个问题作了交流。以下是访谈记录。

I：你怎么看张景中院士的"不等式法"？

W：数学分析如果舍弃 $\varepsilon - \delta$ 定义就舍弃了最基本的灵魂。"不等式法"

只是有效的尝试，但无法推广。

I：主要原因是什么？

W：方法本身存在某种局限性，再加上分析的基础是 $\varepsilon-\delta$ 定义。难以推广

……

虽然张景中院士用"不等式法"改造极限理论并没有得到大面积推广，但其意义是深远的。了解方法的内涵对于学生、教师理解极限有一定启发作用。

7.7 小结

7.7.1 "动态分析"是演绎层次的重要标志

学生对极限的理解分为静态观点和动态观点两大类。后一种观点和极限的本质相符，动态分析是演绎层次的重要标志。极限不是从几何图形、代数近似方面着手，而是用动态的观点"分析"无限。思考方向的转变是人类思想和智力思维的革命，作为演绎层次重要标志的是动态分析而不是静态估算。大二学生存在着将极限看作"函数值的项"的错误认知，实质是用静态观点看待极限。

7.7.2 理解极限的定义中的"有分界"的无限是关键

$\varepsilon-\delta$ 定义是存在性证明，与一般演绎证明不一样，学生难以理解。对 $\varepsilon-\delta$ 定义中的"有分界"的无限的领会是关键。学生只有明白了 ε 和 δ 的双重涵义，定义中的无限操作的有分界性，明白了不是所有项的无限逼近，而是分界值后的无限项的逼近，学生才能真正理解定义，才会运用定义操作证明。

7.7.3 阻碍学生理解定义的主要因素

静态思维是学生难以理解 $\varepsilon-\delta$ 定义中的逻辑推理关系的主要原因。ε、δ、x 的依存关系是大二学生感觉困难的地方，学生容易受"函数关

系式"的约束，似乎一定要通过原来的函数关系式 $y=f(x)$ 来找出 δ，导致操作困难。表现为不能理解操作中的"适当放大"。

7.7.4　大二学生对连续、导数、定积分中的"无限逼近"思想认识不足

连续围绕着几何概念的发展，学生着重于连续的图形观念的理解。学生对连续的理解容易和生活中的连续概念混淆。大二学生对连续中的"无限逼近"思想认识不深。

大二学生对导数、定积分的"无限逼近"认识不深刻。表现为部分学生不知道导数、定积分用什么函数式子逼近。大二学生对"无限小分割"存在错误认知。

7.7.5　教学启示和建议

（1）注重对极限概念的动态分析

极限是关于无限逼近的数学概念，动态分析观点是极限的根本。在教学中要帮助学生纠正错误的极限观念，比如将极限看作"函数的项"的静态观点，使学生树立正确的极限观。在导数、定积分教学中加强极限论思想的诠释，使概念统一于极限论的无限逼近思想。

值得一提的是，文科教材一般不讲方法，但极限的动态分析思想不可或缺，教材应该充分体现"无限逼近"的动态分析思想。至于用什么方法展示思想，可以探讨。比如可以借鉴美国微积分教学的"四原则"，用图像、数值、符号、自然语言四种方式同时展现极限概念，从几何、算术、代数的多元数学表征方式充分展现极限概念，使无限逼近思想得到充分体现。我国极限概念教学不太重视用数值编制的图表和自然语言的描述两方面来展示极限的无限逼近，笔者以为，对于文科学生尤其要关注图表和自然语言两种方法在教学中的有效运用。

（2）教学中注重对定义中的"有分界"的无限的诠释

ε-δ 定义中的无限项是"有分界"的无限，不要求所有项的逼近。这隶属学生的理解层面，教师如果有意识地指出这一点，诠释"有分界"的无限涵义，学生对 ε-δ 定义也许更容易入门。

第八章

研究结果（五）：超限数理论初步认识

实证说明：本章的主体实证对象是大二学生67名，对67名大二学生作了问卷测试（见附录三之（六）超限数理论初步）。参照大一的期末考试成绩，根据演绎层次的A、B层次划分标准（见121页），笔者从A、B层级中各选出了4名学生，共8名被试作为本章的个案研究对象。他们来自某知名重点高校的数学系，其总体水平较高。他们分别是龙、瑞、皓、亮、丽、兰、涵、陆。笔者对8名学生进行了长达2小时的录像访谈。本章的"实验情境"均来自对该8名学生的记录。

8.1 超限数理论的内涵

什么是无穷大？实数变量从某一时刻起恒大于任意指定的实数N（ε）时，称为无穷大。无穷大一直困扰着人们，Cantor的超限数理论将人们带入了"无穷集合"的乐园。使无穷可以用基数和序数量化、比较，无穷不再是一个抽象不可捉摸的量，而是一个确定的量。"对于无穷量，我的理论目的是一次性地解决数学方法中的确定性问题"（Hilbert，1925，p.24）。

Cantor的集合论为什么是现代数学的基础？这是笔者孜孜以求的问题。Cantor认为，他的目的在于扩展或推广实的整数序列到无穷大以外。Cantor的这个大胆的步伐从希腊时代就曾断断续续地被考虑过。集合论需要严格地运用纯理性的证明，需要肯定"势"愈来愈高的无穷集合的存在。这都不是人的直观所能掌握的，这些思想远比前人曾经引进过的想法更革命化。也正是现代数学与古典数学的革命化出发点。

8.1.1 Cantor 发明超限数理论一瞥

Cantor 通过研究无穷集合提出了超限数理论。他对集合的简明描述是：把若干确定的有区别的（不论是具体的或抽象的）事物合并起来，看作一个整体，就称为一个集合，其中各事物称为该集合的元素。把凡是能与自己的真子集对等的集合称为无限集合（Cantor，1873）。"部分等于整体"成为 Cantor 的无限集合论的根本。

Bolzano 也维护了实在无穷集合的操作，并且强调了两个集合之间等价的概念，这就是后来叫做两个集合之间的一一对应关系。他也注意到无穷集合的部分或子集可以等价于整体，他坚持这个事实并且接受它。例如，0 到 5 之间的实数通过公式 $y=\frac{12}{5}x$，可以与 0 到 12 之间的实数构成一一对应，即两个集合是等价的。他也指出可以指定一种数叫超穷数，使不同的无穷集合有不同的超限数。但 Bolzano 比较的两个无限集合本质上都是实数集合，实质是等价的。他在此基础上提出的超限数理论也是对的（kline，1972，p.23）。而 Cantor 用一一对应比较了有理数集合和自然数集合，实数集合和自然数集合，并指出前者基数相等（等势的），并将自然数集合的势记作 $\aleph_0$，后者基数不等（不等势），从而提出超限基数理论。

接着，Cantor 提出了超限序数理论。他引进了新的基数 $\aleph_1$、$\aleph_3$、$\aleph_5$……构造了无穷谱系。并证明了 $\aleph_1$ 为 $\aleph_0$ 的后续。

Cantor 按自由理性主义精神创造出来的超穷序数列与基数列，都是相继应用"延伸原则"（潜无限概念的提升）与"穷竭原则"（实无限概念的提升）的产物。所以其基本思想可以看作 Hegel 命题表示式中的理念在无限领域的模拟与扩展。简而言之，超限序数列也都是各种"否定之否定"的过程产物。

Cantor 的巨大的贡献还在于他对超限数的演绎。首先，Cantor 规定了超限数理论的加法运算和乘积运算。而 Bolzano 的结论是，对于超限数无需建立运算，所以不用深入研究它们。其关于无穷的研究，哲学意义比数学意义来得多（kline，1972，p. 23）。这是二者研究方法的重大差别。其次，Cantor 证明了一个无穷集合的所有子集构成的集合的基数大于原来集合的基数。比如，自然数集合的基数是 x，它的所有子集构成的集合的基数就应该是 $2^{\aleph_0}$，$2^{\aleph_0} > \aleph_0$。他证明了实数集合与数轴上的点一一对应，所以称实数集的基数为 C（continue），并证明了 $2^{\aleph_0} = C$。

显然，$\aleph_0 \leq C$，但 Cantor 提出了著名的连续统假设 $\aleph_1 = C$，Hilbert 把这个问题列入著名问题之一。

Cantor 研究超限数所用的方法是一一对应，Cantor 为什么选择一一对应作为比较标准？从部分到整体，从有限到无限，这无疑是人们思考问题的一般方法。遵循哲学思想的一一对应方法在 Cantor 的研究中起着重要作用。集合比较需要外部结构，它成为研究对象（Moreno，1991，p. 23）。

Hilbert 用生动的故事阐述了 Cantor 的一一对应，即 Hilbert 旅馆。

Hilbert 旅馆有无限多个旅店，服务原则是一客住一房。一天，客房都住满了，又来了一位旅客要求住宿。他的办法是让 1 号房客人搬到 2 号房间，让 2 号房客人搬到 3 号房间……，让 n 号房间的旅客搬到 n + 1 号房间，问题就解决了。

一天，当旅客房间都住满客人时，又来了一个旅行团，有无限多个成员。上次的办法恐怕不行，Hilbert 的办法是，让 1 号房客人搬到 2 号房间，让 2 号房客人搬到 4 号房间，……让 n 号房间的旅客搬到 2n 号房间，问题又解决了。

不难发现，Hilbert 充分利用了"无限"的特性，无限集可以和它的真子集一一对应。他发动旅客第一次搬动房间，就使 {1, 2, …, n, …} 和它的子集 {2, 3, …, n, …}，以及添加了新元素 0 的集合 {0, 1, 2, …, n, …} 三者之间建立了一一对应关系。第二次搬动使得自然数集合、正偶数集合、正奇数集合之间建立了一一对应关系，无异于说他们的元素一样多。

8.1.2 Cantor 的超限数理论是实无限理论

Bolzano 认为，为了构造集合，元素必须是独立的，即使构造不出每个集合的单独元素表达，整个集合也能勾画出。集合概念的基本特征是，融合了对象的集合,只要表征对象没有获得,实无限就得不到。他实质阐述了集合论的潜无限,暗指集合是潜无限过程,可以用"潜"的过程勾画出整个集合。从对象来讲实无限是不可得的,因而集合的无限是潜无限,而不是实无限。

而当 Cantor 首次把全体自然数看作一个集合时,他是把无限的整体作为一个构造完成了的东西,这样他就肯定了作为完成整体的无穷。Cantor 的超限数理论是实无限理论,用等级数字来表示。超限数理论所代表的实无限不仅具有固有真实(immanent reality),而且具有瞬变真实(transient reality)(指时间的函数)。前者在于和其它"思维成分"的数字关系,后者表示可以看作在知识所面临的外部世界中的表述或形象(Fischbein, 1978, p. 12)。所以超限数理论有利于学生的实无限发展。

一般而言,学生对无限集合的认知特点是,仅仅用建构观点给出潜无限,由于集合本身的特征牵涉到不能取消的过程,而对实无限的形成产生了障碍。以题 1 为例,一方面,线段 AB 和 CD 都是由无穷个相同个数的点组成,这些点的运动形成直线,构成潜无限的过程;另一方面,线段 AB 和 CD 的长度是已经完成了的实无限的结果。对于线段 AB 和 CD,学生容易关注实无限结果——长度,而忽视潜无限过程——点集;相形之下,对于自然数集合 {1, 2, 3, ……} 的理解恰恰相反,学生容易关注集合的形成——每一个元素的潜无限过程,而忽视集合作为整体的实无限。

8.2 超限数理论初步思想的标准尺度

学生对无穷谱系,甚至连续统假设的主体思想的理解只能作为笔者的后续研究。笔者重点研究学生对 Cantor 建立超限基数理论所用的"一一对应"的理解以及对超限数在高等数学中的作用的认识。超限数的作用的认识作为笔者的实证研究。正是因为 Cantor 采用了"整体可操作化"的一一对应,而不仅仅是 Bolzano 的哲学意义上的"一一对应",所以,二者作出了完全迥异的结论。考察学生对"一一对应"的"整体可操作化"的朴素理解成为超限数理论初步的标准尺度。另外,芝诺悖论可以用极限思想和超限数理论共同解释,所以,也作为笔者考察超限数理论的标准尺度。题目如下:

1. 根据图8-1,将o点看作光源,投影成线段AB和CD( )

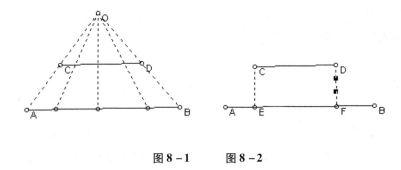

图8-1　　图8-2

(A) AB和CD都有无穷个点,因此AB和CD点的个数一样多。

(B) 图8-2又表明,CD是AB的一部分,部分怎么会等于整体?因此AB点的个数大于CD点的个数。

(C) AB和CD点的个数没有可比性。

2. 已知图8-3中,线段AB的长度大于线段CD的长度,取AB的中点H_1,相应地取CD的中点H_2,同理,取线段AH_1的中点P_1,相应地取CH_2的中点P_2……,无限取下去,即线段AB上的点H_1　P_1　P_3……分别对应于线段CD上的点H_2　P_2　P_4……,在无限取点的过程中,你的看法是( )

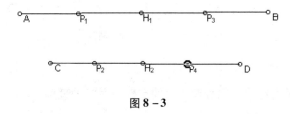

图8-3

(A) 可能在线段CD中找不到相应点和线段AB中的相应点对应。

(B) 一定会在线段CD中找到相应点和线段AB中的相应点对应。

(C) 以上两种情况都有可能出现。

古希腊的著名的"Zeno悖论"－Achilles和乌龟

Achilles是古希腊的长跑冠军,但古希腊哲学家Zeno认为,如果乌龟领先 Achilles 一英尺，Achilles 就永远追不上乌龟。道理如下：如果 Achilles 要想追上乌龟，首先必须到达乌龟原来的地方。可是这时乌龟又已经向前走了一小段（小于一英尺）距离；而 Achilles 在走完这段距离后乌龟接着又向前走了一小段（比前面一小段更小）距离，这样无限走下去，结果 Achilles 越来越接近乌龟但永远也追不上它。

整个推理无懈可击，但结果为什么和现实不一样？这是因为 Zeno 有意将距离和时间进行了无限分割。一方面，乌龟走的距离总是 Achilles 的一小部分（无限分下去）；另一方面，Achilles 和乌龟不管走多么短的距离都是要花时间的，只是时间越来越少，走到最后时间几乎趋于 0，这在理论上是可行的，但在现实生活中，时间没办法趋于零，所以出现了悖论。这就相当于，不给 Achilles 时间，他能追得上乌龟吗？

你对这个故事的理解是：（ ）

（A）完全看懂了，感觉很奇妙，对其中蕴涵的"无限"思想有了进一步认识。

（B）没有看懂，感觉很晦涩。

（C）似懂非懂，好象有道理，但对其中蕴涵的"无限"思想不是很清楚。

8.3 研究结果一：大二学生对无限集合"一一对应"的理解

8.3.1 学生对"不同长度线段的点数相同"的理解

首先学生需要克服现实生活中的点、线定义和数学上的点、线定义的区别，然后才能理解 Cantor 的基数理论的典型图式。如《几何原本》第 1 卷对点、线的定义如下：

（1）点是无大小的；

（2）线是有长无宽的；

（3）线之界（端）是点；

(4) 直线是与其上的点看齐的线。

图8-1是Cantor的基数理论的典型图示，可以从两方面来理解：一方面，线段AB和线段CD的点一一对应，故两线段的点的个数相同；另一方面，从点和线的关系出发来理解。在一点的邻域，不管聚集起多少点，也总是聚不成线。"一点只能是一线的终点、端点或其上的分界点，但它不是线的一部分，也不成其为量（长度）。一点只能通过运动才能产生一线，从而成其为量（长度）的本原。Eulid说，点，行则成线。"行"即是运动。相同点的运动方式不一样就形成不同量的直线。

笔者对学生亮访谈如下：

I：欧氏几何指出点没有大小长短，线段由无限个点组成，由无限个点所组成的线段却是有长短的。对此你的看法是什么？

亮：一个点的大小可以忽略不计，排在线段上的无限个点的大小和不能忽略不计。

亮：反过来验证这句话，如果将线段分割成点，分割越细，"点"越来越小，当无限分割时，点就没有大小。

亮：这是欧氏几何的规定，就象两点决定一条直线一样。

亮：……无穷个点大小可以忽略不计……

……点的大小度量问题……

亮：……和他（龙）的想法一样……

……点没有大小长短……

可见学生对点、线之间的关系存在偏差，如何让学生真正理解数学中的点、线，以及它们的关系，应该在教学中引起足够重视。

(1) 大二学生对"长度不同的线段的点数相等"的理解现状

SPSS结果显示，大二学生的平均得分为7.65分。每一题分析结果如下：

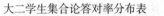

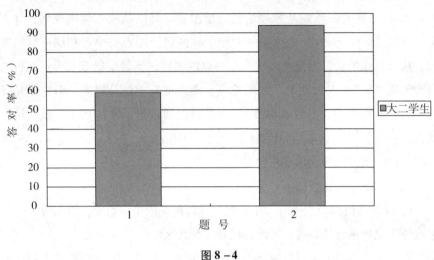

图 8-4

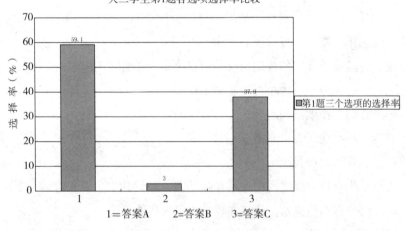

图 8-5

从图 8-5 可以看出，第 2 题答对率（93.9%）明显比第 1 题答对率（59.1%）高。第 2 题主要考察学生"点的无限对应"，学生基本能理解。第 1 题是基数理论的典型图示，答对率不如第 2 题。从图 8-5 看出，有 37.9% 学生选 C，认为两个线段的点集不可比较，从一定程度说明学生本能上接受超限数理论有一定障碍。

...

（1）大二学生、高三学生、初三学生对"不等线段的点数相等"的理解现状比较

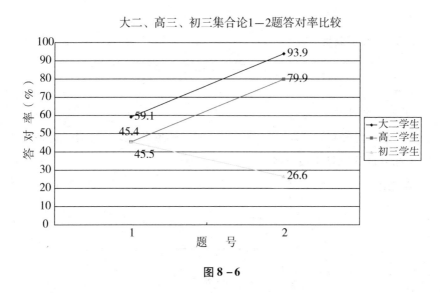

图 8-6

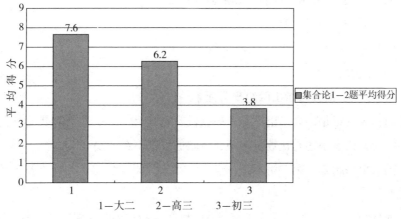

图 8-7

从图 8-7 可以看出，学生对超限数理论的"整体可操作化"思想的朴素理解和年龄以及教育程度有关，随着年龄的增长，学生的理解能力逐步增

强。从每一题答对率来看（见图8-6），大二和高三学生的答题走向基本一致，只有初三学生表现特别，第2题的答对率（26.6%）较低，说明初三学生对"点的对应"理解较高三学生、大二学生相比困难得多。

8.3.2 实证研究

研究对象：龙、瑞、皓、亮、丽、兰、涵、陆等8名学生

研究内容：

1）请分别指出：

第一组：已知集合 A = {1, 2, 3, ……}，集合 B = {2, 4, 6, ……} A 和 B 的元素是否一样多？

第二组：

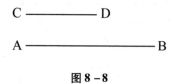

图 8-8

如图8-8，AB 和 CD 的点数是否一样多？

2）实数与数轴上的点一一对应

研究方式：笔者主持下的集体讨论

研究过程：

1）主试：请大家指出两组集合元素一样多吗？

丽：第一组是，第二组不是……，没有可比性……，集合和集合比怎么比……，是比大小还是比数量……，无限的，都不在一块……

陆：第一组是，第二组不是，点有大小，如果一样多，为什么长度不一样呢？

龙（反驳）：点没有大小。直线 AB 和直线 CD 的点一一对应。两组都一样多。

丽：什么是一一对应？

龙：在直线 AB 上找一点 p，一定可以在 CD 上找一点 q 对应，这样一个一个地对应。

亮：按照图形所示应该选 A，但总感觉 CD 上的点比 AB 上的点少。

涵：都是一样多，点没有大小，按照一一对应一样多。

皓：如果不一样多，好像这个图形就有毛病。

瑞：是吧，题目暗示了这个意思吧。

兰：第一组是，第二组不是。点数一样多，那怎么去判定长度，所有线段长度一样长吗？

分析：首先看陆、兰的观点。矛盾焦点集中在第二组的点数是否一样多。陆和兰不约而同提到了长度。同时还提出了疑问："所有线段长度一样长吗？"亮也有这样的感觉。总体说，学生对数集的元素相同容易理解，对 AB 和 CD 的点数是否一样有分歧。

2）实数与数轴上的点一一对应。

主试：实数与数轴上的点一一对应，而不是有理数与数轴上的点一一对应，对此你是怎样理解的？

亮：书上是这样说的，所以我这样认为，没有想过。

陆：都是无限的，所以可以对应。

龙：既然有理数和自然数一一对应，有理数与有理数之间应该有空隙，有多余的点。

亮：什么是"多余的点"？

龙：就是无理数点

皓：你是说有理数没有把数轴填满？

龙：对的。

主试：直线上的无限点和正方形上的无限点一样多，对吗？

龙：我认为不对。正方形切割成线段，排列起来不会成无限长直线。切成小段，但不能拼凑成无限长的直线。

皓：（反驳龙）……正方形切成小段，小段变小段，最后变成点，也可以无限。

主试：自然数集合和直线上的点可以一样多吗？

兰：一一对应，所以一样多。

主试：怎么一一对应？你能找给我看吗？

兰：(沉默一会)自然数有无限多,直线上的点有无限多,因为都是无限可以对应。

主试：那么所有的无限集合都对应？

龙：(反驳)实数和自然数无法对应

……假如0和1对应,实数中0.000…无法找到自然数对应

……无限加一个0,无法对应

分析：学生理解"一一对应"存在明显个体差异性,突出表现在兰和龙身上。兰的理解是"因为都是无限,所以可以对应",把"一一对应"的操作浅显化、简单化了。龙似乎反应比较快,显然对"一一对应"理解更深刻。他认为"有理数没有填满数轴","假如0和1对应,实数中0.000…无法找到自然数对应"。用了明显的具体操作语言－填满、找对应等。龙和兰的理解存在明显个体差异性。

研究结果：

· 学生存在测度范式的心理倾向

从学生对无限集合的"一一对应"的实证研究看出,学生陆、兰提出"长度一样长吗？"的置疑。这是典型的测度思维范式。

Tall(1980)发展了无限的测度范式,与Cantor的计算范式相对应。他认为学生心理直觉更多倾向于测度无限(measuring infinity),而不是基数无限(cardinal infinity)。

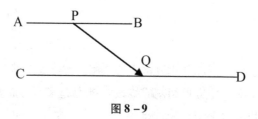

图8-9

如图8-9,假如CD=2AB,P是AB中点,按照Cantor的基数理论,AB的中点P对应于CD的中点Q,AB和CD的点数一样多。按照测度范式,CD长度是AB的2倍,点数也是AB的2倍。

Tall认为,数字的作用有三：计算、排序、测量,Cantor的超限数理论承认了数字的前两个作用,没有给出后一个作用,即不承认无限的测度

意义。

从心理直觉上看，儿童看不见点，点只有标记出来才看得见。儿童看见的是线段长度。儿童认为，线段越长，容纳的点的个数越多。点的数目多少和长度成正比。《几何原本》第1卷对点的规定是：点是无大小的。但儿童心理直觉点是有大小的，点有大小的看法用的是测度范式。测度范式与学生的心理直觉一致，符合学生的心理需求。

测度范式下，无论单位长度怎么无限缩小，线段 CD 的长度是 AB 的长度的 2 倍。直线无限延长，对应点无限增加。点对应数字，看作数字无限增加。结果线段 CD 和线段 AB 的点数不一样多，和 Cantor 的超限数理论结果迥异。

测度范式更多侧重从心理角度分析学生对无限的认识。测度范式符合学生的生活经验，符合有限逻辑规律。虽然测度范式在一定程度上对学生理解超限数理论造成负面影响，但如果教师注重从测度范式分析学生的心理趋向，有利于帮助学生克服测度范式，理解超限数理论。

· 学生对不同集合倾向采用不同方式

学生容易理解数集的一一对应，不太接受点集的一一对应，这和学生对不同集合倾向采用不同思辨方式有关。一般来说，对几何图形学生侧重于实无限。儿童看不见点，点只有标记出来才看得见，儿童看见的是线段长度。他们容易关注线段的实无限结果——长度，而忽视了线段的潜无限过程——点集。对数集学生倾向潜无限。对于自然数集合 $\{1, 2, 3, \cdots\cdots\}$ 学生容易关注集合的形成——每一个元素的潜无限过程，而忽视集合作为整体的实无限。学生对不同集合采用不同思辨方式影响"一一对应"的理解。

· "具体可操作化"是理解"无限集合一一对应"的关键

从实证研究可知，学生龙的表现尤为出色。他能抓住操作，具体实施。笔者以为，"具体可操作化"是无限集合的"一一对应"的精髓，不能从字面上浅尝辄止。

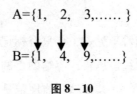

图 8-10

如图 8-10，箭头的明显标示提示学生思维的操作化，使学生容易理解一一对应。

Tsamir（2001，p.2）曾作研究表明，两个集合的不同位置、形式影响学生"一一对应"的理解。

平行放置：A = {1, 2, 3, 4, 5, ……}，B = {1, 4, 9, 16, 25, ……}

垂直放置：A = {1, 2, 3, 4, 5, ……}
　　　　　B = {1, 4, 9, 16, 25, ……}

清晰对比：A = {1, 2, 3, 4, 5, ……}
　　　　　B = {1^2, 2^2, 3^2, 4^2, 5^2, ……}

几何形式：A = {1, 2, 3, 4, 5, ……}

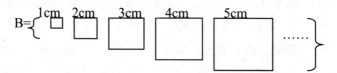

学生最容易接受的是第三种形式：清晰对比，因为这种形式让学生更容易操作。并且不同形式完全显示不同的结果。相比之下，最不容易操作的是几何形式。学生不容易将几何形式与数字形成"一一对应"。

学生对无限集合的"具体可操作化"理解得越好，对"一一对应"就掌握越好。学生理解"一一对应"存在个体差异性，其主要原因在于对"具体可操作化"的不同理解。

同样，学生对"可数"的理解也聚焦于"一一对应"的具体可操作化上。什么叫可数？数数大家似乎都会，那只能对付自然数，有理数可以"数"吗？怎么数呢？似乎不太好操作。

表8-1 有理数与自然数一一对应

$$\begin{array}{cccc} \dfrac{1}{1} & \dfrac{2}{1} & \dfrac{3}{1} & \cdots & \cdots \\ \dfrac{1}{2} & \dfrac{2}{2} & \dfrac{3}{2} & \cdots & \dfrac{n}{2} \\ \dfrac{1}{3} & \dfrac{2}{3} & \dfrac{3}{3} & \cdots & \dfrac{n}{3} & \cdots \end{array}$$

……

即使向学生展示表8-1的操作过程，学生似乎感觉比较突兀。所以，学生对具体可操作化的理解是理解"一一对应"的核心，而且贯串于超限数理论始终。学生几乎不可能不经过训练就接受超限数，因为数字是反映数学结构中内在关系的，必须经过训练才能获得（Fischbein，1998，p.12）。具体可操作化也要经过训练才可以理解。

8.4 研究结果二：大二学生对超限数运算的理解

8.4.1 超限数运算的涵义

无限基数代表必然的有限基数的抽象，有别于所有有限和无限数字。它们是实无限的基数，有着同样的真实性和层级。笔者以为，如果仅从"数"的运算角度看，超限数和有限数之间有着千丝万缕的联系（如图8-11）。

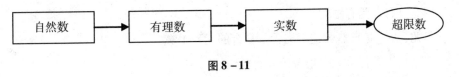

图8-11

超限数和前面的自然数、有理数、实数的区别在于没有现实依托，比如难以找到几何表示。超限数和实数的算术运算涵义也不同。图8-9只是表明超限数是在人们认识了实数后，并在集合的基础上发明的，并不代表数的发展。

Cantor 用"内在直觉"说明超限运算的意义。这种内在直觉的观念最初出现在 kant 的哲学，内在直觉是独立的，先于外部经验的理解，抓住空间和时间的内在形式作为几何和算术的基础。然后，内在直觉扩展并与能动地想象相衔接，决定了想象能力，甚至超越了原始内在直觉（Jahnke，2001，p.12）。Cantor 的超限数运算则是通过算术运算，超越了无限的直觉理解，达到对超限数理解。

无限在最初以哲学和直觉方式介绍，而不是给出一个正式的定义，只有 Cantor 更多关注成为计算行为的内在直观，并得出实在结论（Jahnke，2001，p.13）。在 Cantor 看来，通过简单运算得到所要的结果，这种基数算术符号游戏并非毫无意义，因为这个过程显示与有限集合的元素个数完全不一样的运算过程和结果。

笔者以为，对超限数运算的理解程度反映了学生对超限数本质的理解。所以，笔者欲通过考察学生对超限数运算的理解，分析学生对超限数理论的认识。

8.4.2 实证研究

研究对象：龙、瑞、皓、亮、丽、兰、涵、陆等 8 位学生

研究内容：学生对式子 $\aleph_0 = 2\aleph_0$ 的理解

研究形式：笔者主持下的集体讨论

主试：什么叫基数，$\aleph_0$ 是什么意思？用自己的话说说。

皓：集合元素的个数吧。有限集合有没有基数？

龙：有，是有限的。

龙：$\aleph_0$ 是自然数这一类无限集合的元素个数。

兰：总觉得谈无限集合的元素怪怪的。

瑞：对 $\aleph_0$ 感觉好像很飘渺，抓不住的感觉，有点怀疑感。

涵：有 $\aleph_0$ 存在吗？Cantor 说得很有道理，但接受又有点抽象。

主试：大家再讨论一下超限数运算 $\aleph_0 = 2\aleph_0$，谈谈对运算的看法。

主试：这个式子是什么意思？

皓：比如自然数集合，每个元素的 2 倍所成的集合的基数不变。大概是

这个意思。

主试：大家说他的发言对不对？

（齐答）：对的。

主试：你们感觉能理解这个式子吗？

丽：不能，对基数的概念就很模糊。

兰：好像有道理吧。但总觉得有点别扭。

龙：还可以，觉得这个运算规定很有道理。在泛函分析中也有这样类似的规定。

主试：你们学习了泛函分析吗？

龙：没有，我是旁听的。

瑞：还行，刚开始不太习惯，看多了就习惯了。

主试：为什么刚开始不习惯？

亮：这好像是个规定，不是运算，运算就不对了。

龙：这本来就是一个规定的运算。

陆：我还能理解，感觉在高等代数里也有这样的规定。所以也见怪不怪。数学就是这样。

涵：还可以吧，感觉可行，只要不矛盾就行。

分析：兰、瑞、涵对用了"怪怪"、"飘渺"、"抽象"等词，说明学生心理上不太容易接受超限数。超限数没有现实实体化，学生感觉"抓不住"。实质就是学生不容易接受超限数的实无限。这和学生较少用实无限思辩方式有关。

从兰和瑞的谈话中可知，学生对超限数运算和有限运算的矛盾需要时间来"习惯"，主要解决心理上的不适应。龙和陆分别提到泛函分析、高等代数中的类似运算，说明学生对超限数在现代数学中的地位有一定认识。这对于数学系的学生学习现代数学尤为重要。能够这样联想说明学生对超限数的本质有一定程度的认识，能够通过类比认识到超限数在现代数学中的基础地位。超限数是完全以无限为研究对象，是人的智力思辩的结果，必然成为现代数学的基础。

8.5 研究结果三:"芝诺悖论"解释—极限和超限数理论的共同应用

超限数理论和极限的关系犹如无穷大和无穷小的关系,是微观和宏观的关系,前者侧重实无限,后者侧重潜无限。他们是人类理性思维的杰出成果,共同构成了无穷大厦的恢弘与精妙,令世人惊叹。二者的集中应用体现在对"芝诺悖论"的解释。

8.5.1 关于"芝诺悖论"的解释

Achilles 是古希腊的长跑冠军,但古希腊哲学家 Zeno 认为,如果乌龟领先 Achilles 一英尺,Achilles 就永远追不上乌龟。道理如下:如果 Achilles 要想追上乌龟,首先必须到达乌龟原来的地方。可是这时乌龟又已经向前走了一小段(小于一英尺)距离;而 Achilles 在走完这段距离后乌龟接着又向前走了一小段(比前面一小段更小)距离,这样无限走下去,结果 Achilles 越来越接近乌龟但永远也追不上它。

如果考虑直线上的点,在比赛的每一瞬间,Achilles 和乌龟在他们跑道上的某个点,两人都不在相同点。既然他们跑了相同的瞬间时间,乌龟和 Achilles 应该穿过不一样的点。另一方面,如果 Achilles 能追上乌龟,他必须比乌龟穿过更多点,因为他必须走更远距离。因此,Achilles 永远也追不上乌龟。

芝诺悖论的难点在于,既不是直线的无限可分性,也不是直线作为一个由离散的点构成的无穷集合,能足以对运动作出合理的解释和结论。芝诺悖论包含 8-12 所示诸多要素。

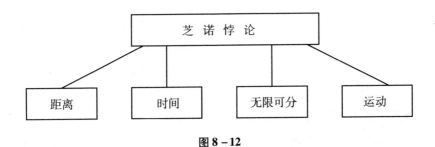

图 8-12

如果仅仅包含距离的无限可分,就相当于静止的线段;如果仅仅包含时间的无限可分,就相当于对时间的先天理解。但芝诺悖论不是这么简单,而是综合距离、时间、无限可分、运动四个要素的总体。

关于芝诺悖论的解释有两类:一是从时间空间的无限分割角度解释。二是从超限数理论角度解释。有很多人对此作了研究,对于前者,笔者主要选取了 kant 和 Fischebein 的解释;对于后者,笔者主要参照 Kline 的观点。

Kant 认为,空间和时间不是一般的概念,而是感性的纯直观。这个观点不同于牛顿将时空视为我们之外的客观存在的观点,而是像 Leinbniz 那样将时空视为(单子灵魂的)主观的表象;也不同于 Newton 将时空看作各个具体时空部分的积累,而是像 Descartes 和 Spinoza 那样把时空看作是整体先于部分的,个别的时空单位是由具体经验事物对唯一的时空的限制、分割和占有造成的。

Kant 认为,时空是无限的,因而它不是一个经验的概念,而是先天的直观。只有作为先天直观,时空才有可能在整理感觉材料时成为无数经验对象的条件,而永远不会被这些经验对象"分完",因为它是不可能来限制或"分割"的无限形式。

Fischebein(2001)认为,从心理上说,时间是连续的。我们能无限划分的是空间替代物,即和时间相关的空间隐喻,但不能划分时间本身。如果我们无限划分一个从 A 到 B 的运动物体所用的时间,这暗示着运动物体在时间的每一小段上是静止的(数学上是无限的),则物体永远也到不了 B 点。如果我们考虑时间的无限小段,这暗示着每一小段没有持续时间,时间可以完全消失。Zeno 的整个论断就是根据时间的无限划分成这样的小段来的。在所有这样的瞬间,运动物体应该是静止的,时间划分来自于空间模型,只有暗示着空间模型的结果，这样的划分才有意义。通过运用时间无限划分的观念，我们最终得到时间点的无穷无尽，没有大小的瞬时时间的无穷无尽，要么这个语言是空间语言的翻版，要么纯粹是空话。运动是绝对的，静止是相对的，Fischebein 说，我能想象由无限个点组成的线段，我不能想象运动完全由无穷个静止的瞬间组成。这是 Zeno 的悖论的问题所在。

如果 Achilles 和乌龟在比赛中被迫静止于大小为 0 的瞬时这样的无穷无尽中，Achilles 永远也追不上乌龟。

总的来说，我们生活在时间的默许的空间模型下（the tacit space model of time），即所有的空间都和时间相关。我们用这个模型思考，在模型的帮助下作预测，用它作讨论，我们用它有意识地进行社会化活动。空间隐喻如此深入到我们的语言、我们的逻辑，以至于我们用空间术语来讨论、推测时间，根本没有觉察到差异。悖论的解决虽然心理上较困难，但可以通过摆脱对空间模型的强烈束缚，对时间的纯粹直觉来解决。似乎空间怎样无限划分，时间也应该怎样无限划分。悖论根源于某个范围内的空间的绝对时间替代，这种替代，不存在实体化，并非现实存在的。

没有以现实时间段为基础的瞬时无限这样的事情，解决悖论的办法不是数学上的，而是心理上的。那就是解释作为"时间的运动"和作为"空间段的几何总和"的基本隐喻二者之间的差异。（Fischbein, 1998, p. 13）

Kline（1990）关于"芝诺悖论"的解释是，"Achilles 追不上乌龟，因为 Achilles 必须比乌龟跑更远的距离，从而穿过更多点"的论据是错误的。因为根据 Cantor 的超限数理论，线段的点数和长度无关，Achilles 为了赢得比赛确实要跑过更远的距离，但跑过的点数和乌龟爬过的点数一样多。所以他认为，是 Cantor 的集合论挽救了空间和时间的数学理论。

Zeno 的另一悖论"飞矢不动"及其解释也引起了人们的极大兴趣。

Zeno 认为运动的箭是静止的，因为箭的轨迹是由这只箭在某一时刻所处的不同位置连接而成的，将时间无限细分，那么当这只箭在第一个位置时，它是静止的，到第二个位置时还是静止的 ……难道说许多个静止的箭连在一起就变成运动的箭了吗？所以说运动的箭是静止的。

从哲学的角度来看，这个论证模式可以概括为"无限分割时间法"，它在逻辑上似乎没什么问题，而且这种方法可以很容易地消解时间。很显然，通常时间似乎分为过去、现在和将来，但是，现在的时间无论多么短，总可以分为过去和将来，撇开过去和将来，剩下的"现在"这一小段时间又可以分为过去和将来，如此无限细分下去，其结果就是没有现在，只有过去和将来，但所谓"过去"是已经过去的，"将来"是没有来的，以往的和未来的都不是实际存在的。所以，时间（无论是过去、现在还是将来）都不存在。与其说 Zeno 在讨论数学上的无限，不如说他在探讨哲学上人类对时间的思考。这种对时间的无限划分导致时间的消解，是哲学上的"不可知论"。

8.5.2 学生对"芝诺悖论"的认识状况调查

表 8-2　大二学生对"芝诺悖论"解释的理解状况

	完全看懂	似懂非懂	完全不懂
人数	45	1	20
总人数	66	66	66
所占百分比（%）	68.2	1.5	30.3

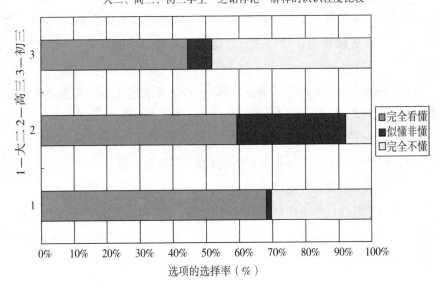

图 8-13

从表 8-2 和图 8-13 可以看出，学生"完全看懂"的情况随年龄的增长和受教育的程度而逐渐增加。理解力的增加使学生对无限的认识更加深刻、透彻。"芝诺悖论"可以从极限和集合论两方面来解释，融合了无限深层次内涵，故笔者以为，从对"芝诺悖论"解释的理解可以看出学生的无限水平。从访谈中可以看出学生对"芝诺悖论"的思考。

下面是大二学生龙、涵的访谈。

丽：选 C

……我懂了，不同意它的观点……

……同样走一步，人走一步，乌龟可能要走两步，很快就追上了……

涵：选 C

……用时间来考虑他们的关系……

……我也要走一点，他也要走一点……

……时间无限分割了，无限分下去，人就永远追不上乌龟了……

龙：选 A，完全看懂了。

……它是个悖论，以前看过。

……无限分割下去，但时间无法无限分割。

主试：如果我将 1 小时分割为 60 分钟，然后将 1 分钟为割为 60 秒，假如我还有比秒更精确的计量单位，再将秒分割为更小的单位……，结果会怎样？

龙：根据物理学上的"不确定原理"，再怎么先进工具，你也测不到精确值。

……在一个"临界值"可以追上。

龙：比如整数的临界值是 0，将整数分为正数和负数。

……无限中也有临界点（critical point）。

从访谈中发现，学生倾向于从时间的无限分割角度来解释。可贵的是学生对"芝诺悖论"表现出了浓厚的兴趣，访谈中学生争论激烈，思维活跃，不断碰撞出思维的火花！

8.6 小结

8.6.1 大二学生对"一一对应"理解倾向

在一一对应的理解中,大二学生存在测度范式的心理倾向。具体可操作化是理解无限集合一一对应的关键。学生倾向于针对不同集合采用不同的思辨方式,思辨方式的不同影响学生的一一对应的理解。

8.6.2 大二学生对超限数的认识倾向

大二学生较少运用实无限思辨方式,心理上不易接受超限数。由于超限数学生看不见、摸不着,没有实体化支撑,学生不容易认同超限数的实无限结果。大二学生能通过类比体会超限数在现代数学中的地位和作用。

8.6.3 教学启示和建议

(1) 通过超限数理论的学习,发展学生的实无限观

学生心理上不易接受超限数的实无限结果,如果学生深刻理解了超限数,也通过超限数理论的学习实实在在发展了实无限观。

(2) 注重对无限集合的"一一对应"的诠释

"一一对应"是 Cantor 发明超限数理论的重要途径,教学中应注重对无限集合的"一一对应"的诠释。教师应向学生诠释"一一对应"的"具体可操作化"内涵,并帮助学生有意识采用实无限思辨理解"一一对应"。由于超限数是完完全全以无限为研究对象,超限数必然成为现代数学的基础。教师应诠释超限数在现代数学中的基础地位。

(3) 用"芝诺悖论"等内容丰富学生的课外知识

"芝诺悖论"的解释是无限的演绎和超限数理论知识的结合,是一个极好的课外素材,容易激发学生辩论,启发学生思维,有利于提高学生对数学无限的兴趣。用"芝诺悖论"能丰富学生的课外无限知识,促进学生思维能力的提高,加强学生的数学修养。"芝诺悖论"不失为一个较好的课外数学素材。

第九章

结论、建议和反思

笔者通过以上详实证明，得出以下结论：

9.1 从初三到高三学生无限认识的总体发展趋势

从小学开始，学生就对无限有着朴素认识，体现在对数数的无限后续的认识上。初三学生的朴素认识和无限初级直觉水平均处于常规状态。初三学生的无限思辨能力不如高三学生。

高三学生的朴素认识与初三学生并无显著差异，高三学生的高级直觉特征是对显含无限的数学概念答对率较高，对隐含无限的数学概念普遍认识不足。高三学生惯用的思辨方式是潜无限思辨，实无限思辨运用较少，潜、实无限辩证法也较少使用。

高中阶段是学生无限水平蓬勃发展的阶段，具体表现为从初三到高三，学生的无限直觉水平、无限思辨能力显著提高。但到大二，这两方面并无显著差异。高三学生的无限直觉水平、无限思辨能力具有一定的稳定性。

9.2 学生对无限本质的认识

9.2.1 "无穷大"的抽象化认识是具备初步直觉认识的重要标志

初三学生基本能从图形,数字的变化中分辨数学有限和无限,具备初步潜无限直觉认识水平。初三学生的初级直觉认知具有经验化心理趋向,典型表现是对无穷大和任意大的区别。对无穷大的抽象化的认识成为学生具备初级直觉认知的重要标志。数学上的无穷大概念是生活中无穷大概念的理论化,没有现实直观,是对朴素无限认识的升华。如果说学生对无限的朴素认识是第一阶梯,那么要跳一跳才能跨越、上升到初步直觉认识的第二阶梯。无穷大的抽象化只能融合在具体概念中。

初步直觉认识具有年龄的阶段性。对于11-12岁以前的儿童很难理解无穷大的抽象认识,他们对无穷大的认识只能停留在具体数数阶段,很难上升到抽象化阶段。抽象认识要等到儿童抽象能力发展到一定阶段才能达到。

高三学生和初三学生的无限直觉认知存在显著差异。高三学生擅长运用二元论和整体-局部的辩证方式分析无限。思考问题的方式和角度的多元化(multiple)是高三和初三学生的根本区别。大二学生和高三学生的直觉认识差异不明显。

初三到高三整个阶段是学生形成无限直觉认识的主要阶段,而过了这个年龄阶段,学生对无限的直觉认识并没有显著改变。学生形成无限直觉认识具有年龄的阶段性。

9.2.2 "整体认知"是影响高级直觉认知的重要因素

学生对单调性、函数、奇偶性等数学概念中隐含的实无限不容易识别,有利于实无限的"整体认知"在其中起重要作用。从哲学的角度讲,人们过分关注细节,就容易忽视整体效果。拔高层次从整体思维,或许可以看得更深。

整体认知的另一体现是对无限-有限转换思想的理解,体现在初三学生对平行线判定定理的无限-有限转换思想的理解中。平行线在几何的发展中地位特殊,学生对平行线中的无限直觉能力的大小体现了学生的思维能力的深浅。

9.2.3 "动态分析"是演绎层次的重要标志

学生对极限的理解分为静态观点和动态观点两大类。后一种观点和极限的本质相符,动态分析是演绎层次的重要标志。极限分析不是从几何图形、代数近似方面着手,而是用动态的观点"分析"无限。思考方向的转变是人类思想和智力思维的革命,作为演绎层次重要标志的是动态分析而不是静态估算。大二学生中存在着将极限看作"函数值的项"的错误认知,实质是用静态观点看待极限。

9.2.4 理解极限的 ε-δ 定义中的"有分界"的无限是关键

ε-δ定义是存在性证明,与一般构造性证明不一样,学生难以理解。ε-δ定义中"有分界"的无限可以成为学生理解存在性证明的切入点。学生只有明白了ε和δ的双重涵义、定义中的无限操作的有分界性,明白了不是所有项的无限逼近,而是分界值后的无限项的逼近,学生才能真正理解定义的可操作化,才会运用定义操作证明。

9.3 学生对数学极限概念的认识

9.3.1 大二学生对连续、导数、定积分中的"无限逼近"思想认识不足

连续围绕着几何概念的发展,学生着重于连续的图形观念的理解。学生对连续的理解容易和生活中的连续概念混淆。大二学生对连续中的"无限逼近"思想认识不深。

大二学生对导数、定积分的"无限逼近"认识不深刻。表现为部分学生不知道导数、定积分用什么函数式子逼近。大二学生存在错误的"无限小分割"认知。

9.3.2 阻碍学生理解 ε-δ 定义的主要因素

静态思维是阻碍学生理解 ε-δ 定义逻辑推理关系的主要原因。

ε、δ、x 的依存关系是大二学生感觉困难的地方，学生容易受"函数关系式"的心理约束，似乎一定要通过原来的函数关系式 y = f(x) 来找出 δ，导致操作困难。具体表现为不能理解操作中的"适当放大"。受"函数式子"的束缚是阻碍学生理解 ε-δ 定义的另一个主要因素。

9.4 学生无限认识的心理倾向

9.4.1 生活经验在一定程度上阻碍学生对数学无穷大的认识

生活经验成为学生判断无限的主要依据，时空无限是学生认识无限的基础。源于生活经验的自然数是学生认识数学无限的开端，在此基础上形成系统化的、数学化的无限认识。生活经验的负作用就是对无限抽象认识的阻碍作用，数学无穷大不同于很大的数、任意大，教学中要克服学生的经验化倾向，正确认识数学无穷大概念。比如对数轴的认识，初中引入的数轴使学生第一次明确认识∞，实数用 $(-\infty, +\infty)$ 来表示。如何让学生正确认识数轴，正确使用符号，应该成为教师关注的焦点。

但是，仅仅有生活经验是不够的。正如 kant 指出，埃及人只知道研究实际的感性图形，完全只依赖经验，结果研究来研究去，几何学"长期一直停留在外围的探索之中"。只是到了古代希腊，它才走上了科学的可靠道路。Kant 写道，"这一转变我看归功于一场革命，这场革命是某个个别人物在一次尝试中幸运地突发奇想而导致的。"这个人究竟是 Thales 还是其它什么人，都无关紧要，重要的是这个思维方式的革命本身。对无限的认识也要经历一场革命，微积分的发明无疑是一场无限认识的革命。如果人们仅仅停留在经验的层面，那么就不可能有无限认识的突飞猛进，不可能发明微积分、超限数理论，而后者成为现代数学的基础。

9.4.2 高三学生的无限思辩的心理倾向性

潜无限思辩是高三学生的自然思辩方式，高三学生较少运用实无限以及潜、实无限辩证法。

视觉上的无穷叠加，学生对最后一项的惯性思维容易使学生运用潜无限思辩方式；无限"过程"和"结果"的相似性容易使学生倾向于采用实无限思辩；无限和有限糅合形成心理上的两难性使高三学生倾向于潜、实无限辩证法。无理数具有"两难性"，可以作为训练学生无限思辩的切入点。

不管用潜无限评分标准还是实无限评分标准，从初三到大二，随着年龄的增长，学生的平均得分都出现逐步上升的趋势。学生的思辩能力总体走向是随着年龄的增长而递增。

个案对比研究表明，思辩能力强的学生不局限于"视觉的无限叠加"的潜无限思辩模式，也不局限于"对最后一项的惯性思维"。

9.4.3 大二学生对"一一对应"和超限数的认识倾向

在"一一对应"的理解中，大二学生存在测度范式的心理倾向。具体可操作化是理解无限集合"一一对应"的关键。学生倾向于针对不同集合采用不同思辩方式。思辩方式的不同影响学生"一一对应"的理解。

大二学生较少运用实无限思辩，心理上不易接受超限数。由于超限数学生看不见、摸不着，没有实体化支撑，学生不容易认同超限数的实无限结果。大二学生能通过类比体会超限数在现代数学中的地位和作用。

笔者写到这里，已深深意识到数学学习中有很多"只可意会，不可言传"的体会其实并非悬念，如果我们多去深入思考、调查，也许可以浮出水平，依稀可见。对无限的认识便是如此。无限的博大、极限的精深、无穷大的玄妙的揭示，需要具体体现在教学中，体现在教材编写中，那么无限也许离我们更近、更具体。无限观的培养就不是一句空洞的教条，而是有血有肉的生动的教学过程。故笔者提出以下建议。

9.5 教学建议

9.5.1 在教学中注重学生无限观的培养

（1）在教学中抓住无限认识的开端

抓住无限认识的开端要做到以下几点：

第一，从小学数数开始对学生进行无限启蒙教育

无限观的培养应抓住契机，适时进行。教材编写首先在这方面应引起重视。从小学开始就应以数数为契机，进行无限观启蒙教育。抓住无限小数、无限循环小数，提高学生对无限的朴素认识水平。启发学生认识无穷大，形成对无穷的数学抽象认识。

第二，引入数轴的概念时关注学生经验的负作用

从小学到初中，学生的无限处于自然发展中，形成了基于生活经验的朴素认识。这种对经验的强烈依赖到了初中可能对学习负数、引入数轴产生负作用。初一年级的数学入门就面临对负数、数轴的理解和消化，也就面临对无穷大的认识。教师应了解学生的认知状况，采取适当的方式，减少学生经验的负作用，使学生正确认识数学无穷大。

第三，抓住学生无穷直觉认知的最佳年龄

由于无限的直觉认知具有年龄的阶段性，年龄太小了学生接受不了，太晚了可能错过有利时机。应该抓住11、12岁的最佳年龄，让学生理解数学无穷大，在初中到高中的飞跃阶段发展学生的无限直觉能力。在具体概念如数轴、函数、单调性、奇偶性、交换律的教学中识别无穷大，发展学生的实无限能力。

（2）启发学生整体认知数学概念

首先，学生的数学无限直觉具有经验化心理趋向，教学中应帮助学生克服经验化倾向，达到数学化无限直觉层面。

其次，帮助学生挖掘概念背后的的实无限思想。学生无限思辨的自发方式是潜无限，实无限是后天发展而来的。实无限隐藏在数学概念中，需要学

生深入思考才能领会。深刻挖掘数学概念中包含的无限思想、无限-有限的转化策略，将无限的教育落实到具体的数学概念中，进一步加深学生对数学无限概念的理解。对函数、单调性、奇偶性等中学重要数学概念中的实无限加以深刻剖析，使学生对实无限的无意识认识变为有意识理解，让学生认知从模糊变清晰，使无限思想清晰浮出水面。

最后，帮助学生分析概念中隐藏的无限。数学无限直觉水平与学生的数学成绩并不相关，与学生的思维方式有关。仅仅借助一种方式一般不易全面把握无限，教师要引导学生用多种方式、从多角度思考无限，提高学生的无限直觉水平。

（3）教学中有意识采取有利于学生无限思辩的教学方法

首先，利用视觉上的无限叠加同化数学无限概念。

潜无限是学生的自发思辩方式，视觉上的无限叠加是学生惯用的潜无限思辩模式，在教学中可以有意识地利用视觉的无限叠加特点同化数学无限概念。比如理解式子：

$$2 = 1 + \frac{1}{2} + \frac{1}{4} + \frac{1}{8} + \cdots\cdots$$

可以借助潜无限的视觉无限叠加来理解。

其次，实无限相对于潜无限而言，是思辩方式的飞跃，学生不容易形成。教学中应利用无限过程和结果的相似性顺应实无限。以定积分的几何意义-曲边梯形为例，教学可以利用计算机动画模拟无限逼近过程，随着区间划分 n 的增大，小矩形的面积越来越靠近曲边梯形面积，无限过程和结果相似性有利于学生顺应实无限，形成极限概念（见图9-1）。

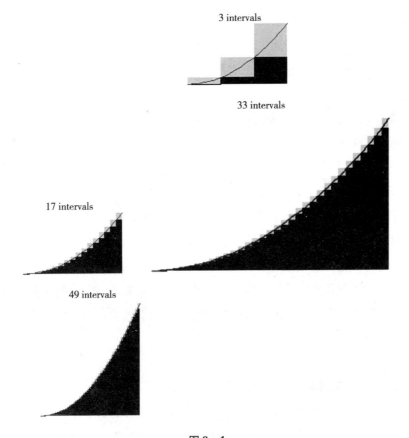

图 9-1

第三，在教学中糅合无限和有限的两难性，培养学生的潜、实无限辩证能力。无理数教学中，可以采用有理数逼近来表示无理数，使学生经历无限和有限的心理"两难"，促进潜、实无限辩证思维。

(4) 注重对极限概念的动态分析

极限是关于无限逼近的数学概念，动态分析观点是极限的根本。在教学中要帮助学生纠正错误的极限观念，比如将极限看作"函数的项"的静态观点，使学生树立正确的极限观。在导数、定积分教学中加强极限论思想的诠释，使概念统一于极限论的无限逼近思想。

(5) 教学中注重对 $\varepsilon-\delta$ 定义中"有分界"的无限的诠释

$\varepsilon-\delta$ 定义中的无限项是"有分界"的无限项，不要求所有项的逼近。

这隶属学生的理解层面，教师如果有意识地指出这一点，诠释"有分界"的无限涵义，指出正是因为 ε-δ 定义中的无限项是"有分界"的无限，才使得操作成为可能，并贯穿于概念讲解始终，那么学生对 ε-δ 定义也许更容易入门。

(6) 关于超限数理论的教学

第一，注重对无限集合的"一一对应"的诠释

"一一对应"是 Cantor 发明超限数理论的重要途径，教学中应注重对无限集合的"一一对应"的诠释。教师应向学生诠释"一一对应"的"具体可操作化"内涵，并帮助学生有意识采用实无限思辨理解"一一对应"。

第二，通过超限数理论的学习，发展学生的实无限观

学生心理上不易接受超限数的实无限结果，如果学生深刻理解了超限数，也通过超限数理论的学习实实在在发展了实无限观。由于超限数是完完全全以无限为研究对象，超限数必然成为现代数学的基础。教师应诠释超限数在现代数学中的基础地位。

9.5.2 注重提高中学教师的数学无限素养

教师的无限思想对学生有潜移默化的影响。教师的数学无限直觉水平直接影响学生的无限水平。笔者只是对教师作了简单调查，无力作深入实证研究。调查显示，教师的无限直觉存在着差异性，提高中学教师的数学无限素养是培养学生无限观的关键。微积分知识已有前移到中学的大趋势。中学教师可以尝试用集中培训的方式系统学习数学无限，包括微积分、集合论、超限数理论等知识，提高教师的数学无限素养。

9.5.3 对教材体系安排的一点建议

在数轴的教学中增加数轴无限性。不仅让学生深刻理解"有理数在数轴上的表示"，而且有利于初二的实数教学，有利于学生理解"实数与数轴上的点一一对应"。学生容易受生活经验的负面影响，数轴是数学抽象化的概念，不是"温度计"的翻版，给学生指出数轴的无限性，有利于学生更好地理解数学上的数轴概念。

如何作好初中、高中教材的衔接一直是教育工作者关注的焦点。以函数单调性为例，笔者以为，函数单调性可以整合到高中直接详细讲解，没有必要分初中、高中两次学习，导致时间跨度长达 2 年。由于前一次学习中，单调性内容不作较高要求，学生对单调性的错误直觉有可能对高中的单调性学习产生负作用，不利于学生对单调性的准确理解。遵循以学生为本的思想，建议教材重新安排函数单调性。

中学数学课程标准强调应体现数学的文化价值，从数学史角度讲，平行公设在几何发展中具有特殊意义，教材应该重视平行线判定定理的无限－有限转换思想的挖掘。同时，要满足各个层次学生的需求。对于绩优生，可以借助课外读本的形式，以平行公设为契机，让他们了解罗氏几何、黎曼几何的思想，扩展他们的思维，激发他们对数学的兴趣，培养他们的钻研精神。同时体现教材的层次性。

"芝诺悖论"的解释是无限的演绎和超限数理论知识的结合，是一个极好的课外素材，容易激发学生辩论，启发学生思维，有利于提高学生对数学无限的兴趣。用"芝诺悖论"丰富学生的课外无限知识，促进学生的思维能力的提高，加强学生的数学修养。"芝诺悖论"不失为一个较好的课外数学活动素材

值得一提的是，文科教材一般不讲 $\varepsilon-\delta$ 方法，但极限的动态分析思想不可或缺，教材应该充分体现"无限逼近"的动态分析思想。至于用什么方法展示思想，可以探讨。比如可以借鉴美国微积分教学的"四原则"，用图像、数值、符号、自然语言四种方式同时展现极限概念，从几何、算术、代数的多元数学表征方式充分展现极限概念，使无限逼近思想得到充分体现。我国不太重视利用数值编制的图表和自然语言的描述两方面来讲极限概念。笔者以为，对于文科学生尤其要关注图表和自然语言两种方式在教学中的直观运用。

9.5.4 建议在数学课标中体现无限观培养的具体要求

（1）明确提出无限观培养目标

建议在中学数学课程标准中明确提出无限观培养的具体要求，让广大教

师明确无限观培养的具体目标。

课标应旗帜鲜明地提出发展学生的实无限，培养学生的潜、实无限辨证观，树立无限－有限互化的哲学观。

对小学生强调数学无限的辨别，认识自然数的潜无限性。对初中生注重发展学生的实无限观，初步识别数学概念中的实无限。高中阶段是无限发展的关键时期，要能够认识数学概念中隐含的实无限，培养学生的实无限思辨能力，发展高中生的潜、实无限辩证思辨能力。

(2) 建议在中学数学课程标准中增加无限观培养的一个实例

笔者建议在课标中增加一个无限观培养的实例，供教师参考。以下是笔者编制的注重无限观培养的教案实例，仅供参考。

教学内容：平行线判定公理和平行线判定定理

培养目标：挖掘平行线判定定理中的无限－有限互化思想，发展学生的无限观

教学难点：平行线的判定公理的深刻揭示

平行线判定定理的运用

教材分析：

平行公设是数学中具有转折性的公理，引出了非欧几何等数学分支。对平行线的无限的思考深度在一定程度反映学生的思维能力高低。初中教材应挖掘平行线判定定理中的无限－有限互化思想。

一般而言，数学概念的定义都可以作为判定方法，但通过平行线的定义无法判定两直线平行。因为平行线是无限延长不相交的，无限延长看不见、摸不着，无法判断，只有借助第三条直线截平行线所成的同位角相等来判定。于是将无限的平行线问题转换为有限的同位角相等问题，深刻体现了无限－有限互化的哲学思想。

平行线判定定理的运用也遵循无限－有限互化哲学思想。在证明中将平行线的证明转换为同位角、内错角的证明问题，培养学生"平行——角相等"转换的洞察力

教学建议：

在平行线判定公理的教学中，应充分体现一条主线索："挖掘思想——

充分实验——明确条件和结论。"

设问：什么是平行线？

你见过平行线吗？

根据定义容易判定两直线平行吗？

在问题驱动下，使学生思维处于"愤悱"状态。教师引出平行线判定公理，并明确指出无限－有限互化的哲学思想。然后用实验"画一画"的方式验证公理。

平行线的判定公理后，让学生观察"内错角相等，两直线也会平行"。并诱导学生利用公理证明。加深学生对无限－有限互化哲学思想的认识。

让学生练习，充分体现"角相等——平行"的思路。

如图1，直线AB、CD被直线EF所截

量得∠1＝80°，∠2＝80°，就可以判定AB//CD，它的依据是什么？

量得∠3＝100°，∠4＝100°，就可以判定AB//CD，它的依据是什么？

如图2，BE是AB的延长线，量得∠CBE＝∠A＝∠C

从∠CBE＝∠A，可以判定哪两条直线平行，它的依据是什么？

（2）从∠CBE＝∠C，可以判定哪两条直线平行，它的依据是什么？

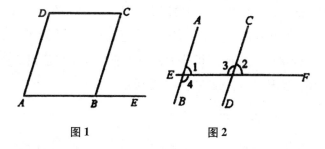

图1　　　　　图2

作业充分体现了直线AB、CD的上下无限延长，并被第三条直线所截，截得∠1、∠2、∠3、∠4等四个有限角。

课后总结：

强调"角相等——平行"的证明思路，向学生明确指出思考方向。进一步加深无限－有限转换的思想。

教案设计到底在实践中是否有效？笔者没有验证，但就教案设计访谈了两位初二数学教师 J 和 L。

I：你们认为这个设计和你们的常规教学有何不同？

J：主要体现在对平行线判定定理的思想揭示上。

I：这样处理会有什么益处？

L：应该让学生学得更明白吧，将教材挖得更深更透吧。

I：学生可能有豁然开朗的感觉，以前没考虑这么多，只接受定理……

I：对学生更有说服力吧。不过，学生未必能加深印象，如果能有相应的题目巩固就好……

L：对，总的来说，是对教材的再加工。

笔者设计的教案与一般教案的最大区别是特别注重从平行线判定公理的无限－有限转换思想出发，从教材和学生的角度深度挖掘无限思想，具体体现无限观培养。这只是一个尝试，有待笔者进一步探索。

9.5.5 对教学评价的建议

建议利用笔者编制的无限量表对学生的无限认识水平作质性分析。

学生的无限分析水平与学生的数学考试成绩无关，属于思维层面。无限认识水平不能简单地量化衡量，但可以利用量表对学生的无限认识能力作质性分析，对比学生的无限认识水平高低。其意义在于，大致了解学生的无限认识状态，比较学生的无限认识能力，分析学生的无限认识的错误心理倾向。权供教学借鉴和参考，为教材改革提供依据。

9.6　本研究的不足和进一步研究的方向

9.6.1　本研究的不足

文章写到最后，我有一种很仓促的感觉。一方面是时间关系，另一方面是我对论题的思考深度的欠缺。无限领域博大精深，以无限为基础的数学发展日新月异，需要笔者在探究数学无限基础的同时对学生无限认识作纵深思考。无限本身具有内在矛盾性，是矛盾的统一体，必然造成学生认识的矛盾性，从而造成笔者研究的困难。具体表现为：

第一，个体对无限的思考方式具有多元化和隐蔽性，不易探究。无限思考需要智力运作，至于个体在智力内部是如何运作的？不容易把握。如何吸取心理学的最新进展来研究学生对数学无限的思考过程、思考方式？这是笔者深感欠缺的地方。

第二，测量方法的科学性和效度还有待改进。由于数学无限的复杂性、学生认知的差异性，笔者制订的"无限量表"虽经仔细推敲，但也难免有失偏颇，有待在实践中完善、提升。

第三，实证研究的局限性。比如纵向比较只能是同期初三、高三、大二学生的数据比较，无法对同一年龄层次学生作三年跟踪调查研究。纵向比较对象的认知水平不一定在同一层面，所以无法确保主观因素的影响。所以笔者的比较只是粗略的质性比较。

另外，不能剔除实测中很多人为因素的影响，比如实证研究中学生对题目的个人偏好，作题时的答题倾向性等。这些都影响实验的效度。

整个论文的架构、论证深度都有待提高。这和笔者的洞察力、研究能力都有关。整个论文的写作过程中笔者深感自己理论水平的不足。这是笔者今后有待改进的地方。

9.6.2 进一步研究的方向

本文主要从思维层面探究了学生对数学无限的认识状况，隶属于数学学习范畴。进一步的研究可以集中于对数学无限概念的教学研究。比如中学中涉及无限的数学概念的教学研究，极限概念的教学研究。具体研究问题有：数学无限概念和一般概念的教学有何不同？如何将数学无限知识传授给学生？应该采取怎样特殊的教学方法？如何让学生探究数学无限概念中的思想？

参考文献

英文参考文献

[1] Alba Thompson San. Teachers' Beliefs and Conceptions. In: Handbook of Research on Mathematics Teaching and Learning, edited by Douglas A. Grouws. New York, 1984

[2] Elizabeth Fennema. Teacher's Knowledge and its Impact. In: Handbook of Research on Mathematics Teaching and Learning, edited by Douglas A. Grouws New York, 1984

[3] Ne Noddings. Professionalizing and Mathematics Teaching. In: Becoming a Mathematics Teacher, edited by Catberin A Brown. New York, 1985

[4] D C. Cruickshank, J. Kennedy, Behaviors Related to Student Achievement on a Social Science Concept Test. In: Journal of Teacher Education, 1977, 3

[5] DC, Cruickshank, J. Kennedy. An Empirical Investigation of Teacher Clarity. In: Journal of Teacher Education, 1977, 2

[6] David Tall. The Transition to Advanced Mathematical Thinking: Functions, Limits, Infinity, and Proof. In: Handbook of Research on Mathematics Teaching and Learning, edited by Douglas A. Grouws, New York, 1984

[7] Jan de Lange. Real Problems with Real World in Mathematics. In: Handbook of Research on Mathematics Teaching and Learning, New York, 1984

[8] Ed Dubinsky, Kirk Weller, Michael A, Mcdonaldand Anne Brown. Some Historical Issues and Paradoxes Regarding the Concept of Infinity: an APOS – based Analysis: Part 1. In: Educational Studies in Mathematics (2005) 58: 335~359 DOI: 10.1007/s10649~005~2531~z

[9] Ed Dubinsky and Michael A. McDonald, APOS: One Constructivist Theory of

Learning in Undergraduate Mathematics Education Research . In: The China – Japan – US seminar on mathematical education , 1993

[10] David Tall. Infinity —the never ending struggle. In: Educational Studies in Mathematics 48: 129_ 136, 2001

[11] Elizabeth Fennema. Teacher's Knowledge and its Impact, (4) about advanced thinking. In: Handbook of Research on Mathematics Teaching and Learning , edited by Douglas A. Grouws . New York, 1984

[12] Anna Sfard . Learning mathematics as a developing discourse . In: Proceedings of 21 century conference of PME – NA (p. 23 ~ 44) . Columbus, Ohio: Clearing House for science , mathematics , and Environmental Education.

[13] D C. Cruickshank, J. Kennedy. Behaviors Related to Student Achievement on a Social Science Concept Test, about student's advanced thinking concept. In: Journal of Teacher Education , 1977, 3

[14] DC, Cruickshank, J. Kennedy. An Empirical Investigation of Teacher clarity . Journal of Teacher Education, 1977, 2

[15] Ed Dubinsky, Kirk Weller, Michael A, Mcdonald and Anne Brown. Some Historical Issues and Paradoxes Regarding the Concept of Infinity: An APOS Analysis, Part 2. In: Educational Studies in Mathematics (2005) 60: 253 ~ 266

[16] David Tall. From School to University: The Transition from Elementary to Advanced Mathematical Thinking. In: Handbook Of Mathematics Education, 1989

[17] David Tall. Using technology to support an embodied approach to learning concepts in mathematics. In: handbook of mathematics education , 1989

[18] Dubinsky. Using a Theory of Learning in College Mathematics Courses. In: From the Teaching and Learning, 2001

[19] ED Dubinsky, Predicate Calculus and the Mathematical Thinking of Students. In: Educational Students in Mathematics (2004) 25: 332 ~ 354

[20] ED Dubinsky, Understanding the Limit Concept: Begginning with a Coordinated Process Scheme. In: Personal Network, 2001

[21] ED Dubinsky. Intimations of Infinity, 2004. In: Educational Studies Of Mathematics 48: 309 ~ 329

[22] Efraim Fischbein, the Mathematical Concept of Set and the Collection Model. In: Educational Studies Of Mathematics, 37: 1 ~ 22, 1999

[23] Pessia Tsamir. When "The Same" is not Perceived as Such: the Case of Infinity Sets, Educational Studies Of Mathematics 27: 1~21, 2000.

[24] Hans Niels Jahnke. Cantor's Cardinal and Ordinal Infinities: an Epistemological and Didactic View. In: Educational Studies of Mathematics, 2001

[25] Anna Sfard. Problems of Reification: Representations And Mathematical Objects, 2001

[26] Masami Isoda. The Development of Language about Function: an Application of Van Hiele's Levels

[27] Steve C Perdikaris. The Problems of Transition across Levels. In: Van Hiele Theory of Geometric Reasoning

[28] Marguerite Mason. The Van Hiele Levels of Geometric Understanding.

[29] Markus hahkioniemi. Associative and Reflective Connection Between the Limit of the Difference Quotient and Limiting Process. 2006

[30] Michelle J. Zandieh, Jessica Knapp. Exploring the Role of Metonymy in Mathematical Understanding and Reasoning: The Concept of Derivative as an Example. In: Journal of Mathematical Behavior 25 (2006) 1~17

[31] Lara Alcock, Keith Weber. Proof Validation in Real Analysis: Inferring and Checking Warrants. In: Journal of Mathematical Behavior 24 (2005) 125~134

[32] Martin Schiralli1, Nathalie Sinclair. A Constructive Response to 'Where Mathematics Comes From' 52: 79~91, 2001

[33] Israel Kleiner. History of the Infinitely Small and the Infinitely Large in Calculus, Educational Students in Mathematics 48: 137~174, 2001

[34] David Tall. Natural and Formal Infinity, Educational Studies In Mathematics48: 199~238, 2001.

[35] David Tall. A Thinking about Infinity. In: Journal of Mathematical Behavior 20 (2001) 7~19

[36] David Tall. The Notion of Infinite Measuring Number and its Relevance in the Intuition of Infinity. In: Educational Studies in Mathematics 11, 271~284, 1980

[37] David Tall. Conceptual Foundation of the Calculus and the Computer. In: The Proceedings of the Fourth Annual International Conference on Technology in College Mathematics, Portland, Oregon, Published By Addison Wesleyey, 1992, 73~78.

[38] Efraim Fischbein. Tacit Models and Infinity. In: Educational Studies in Mathemat-

ics 48: 309~329, 2001

[39] Efraim Fischbein, Madlen Baltsan. The Mathematical Concept of Set and the 'Collection' Model. Educational Studies in Mathematics 37: 1~22, 1999

[40] Pessia Tsamir. When the Same is not Perceived as Such: The Case of Infinity Sets. In: Educational Studies In Mathematics 48: 289~307, 2001.

[41] Hans Niels Jahnke. Cantor's Cardinal and Ordinal Infinities: An Epistemological and Didactic View Educational Studies in Mathematics 48: 175~197, 2001.

[42] Joanna Mamona-Downs. Letting the Infinitive Bear on the Formal: A Didactical Approach for the Understanding of the Limit of a Sequence. Educational Studies in Mathematics, 48: 259~288

[43] Anna Sfard, Patrick W Thompson, Problems of Reification: Representations And Mathematical Objects.

[44] Masami Isoda, Institute of Education. The University of Tsukuba. In: The Development Of Language about Function: an Application of Van Hiele's Levels

[45] Viviane Durand-Guerrier And Gilbert Arsac. An Epistemological and Didactic Study of A Specific Calculus Reasoning Rule. In: Educational Studies in Mathematics (2005) 60: 149~172

[46] Jennifer Earles Szydlik. Mathematical Beliefs and Conceptual Understanding of the Limit of a Function. In: Journal for Research in Mathematics Education, Vol. 31, No. 3. (May, 2000), pp. 258~276.

[47] Eric J. Knuth. Student Understanding of the Cartesian Connection: An Exploratory Study. In: Journal for Research in Mathematics Education, Vol. 31, No. 4. (Jul., 2000), pp. 500~507.

[48] Bernadette Baker; Laurel Cooley, María Trigueros. A Calculus Graphing Schema. In: Journal for Research in Mathematics Education, Vol. 31, No. 5. (Nov., 2000), pp. 557~578.

[49] Rina Hershkowitz, Baruch B. Schwarz, Tommy Dreyfus. Abstraction in Context: Epistemic Actions. In: Journal for Research in Mathematics Education, Vol. 32, No. 2. (Mar., 2001), pp. 195~222.

[50] Steven R. Williams. Predications of the Limit Concept: An Application of Repeatory Grids. In: Journal for Research in Mathematics Education, Vol. 32, No. 4. (Jul., 2001), pp. 341~367.

[51] David Tall. Looking At Graphs Through Infinitesimal Microscopes Windows and Telescopes, an Introduction to Calculus Using Infinitesimals, 1999

[52] David Tall. Intuitive infinitesimals in the calculus. In: Poster presented at the Fourth International Congress on Mathematical Education, 2001

[53] David Tall. Students' Difficulties in Calculus Plenary presentation in Working Group 3, ICME, Québec, August 1992, Published in Proceedings of Working Group 3 on Students' Difficulties in Calculus , ICME-7 1992, Québec, Canada, (1993), 13~28. ISBN 2 920916 23 8.

[54] Eddie Gray, David Tall. Success and Failure in Mathematics: The Flexible Meaning of Symbols as Process and Concept , Published in Mathematics Teaching, 142, (1992), pages 6~10.

[55] David Tall. The Psychology of Advanced Mathematical Thinking: Biological Brain and Mathematical Mind , Prepared for the Working Group on Advanced Mathematical Thinking, at the Conference of the International Group for the Psychology of Mathematics Education, Lisbon, July 1994.

[56] Eddie Gray, Marcia Pinto, Demetra Pitta, David Tall. Knowledge Construction and Diverging Thinking in Elementary . In: Advanced Mathematics Educational Studies In Mathematics, 1999.

[57] David Tall. Mathematical Proof as Formal Procept in Advanced Mathematical Thinking , Introducing Three Worlds of Mathematics. In: the Learning of Mathematics, 2004.

[58] David Tall. Elementary Axioms and Pictures for Infinitesimal Calculus. In: personal network , 1998

[59] David Tall . The Notion of Infinite Measuring Number and its Relevance in the Intuition of Infinity, Published in Educational Studies in Mathematics, 11, 271~284, 1980

[60] David Tall , with Special Reference to Limiting Processes Published in Proceedings of the Fourth International Congress on Mathematical Education, Berkeley, 170~176 (1980) .

[61] David Tall. The Psychology of Advanced Mathematical Thinking. In: from personal network , 1999

[62] David Tall. Visualizing Differentials in Integration to Picture the Fundamental Theorem of Calculus. In: personal network , 2000. Published in Mathematics Teaching, 137, 29~32 (1991)

[63] David Tall. Success and Failure in Mathematics: Procept and Procedure 2. Second-

ary Mathematics Published in Workshop on Mathematics Education and Computers, Taipei National University, April 1992, 216~221.

[64] David Tall. Reflections on APOS theory in Elementary and Advanced Mathematical Thinking Presented at PME23 Haifa, Israel, July, 1999, Published in O. Zaslavsky (Ed.), Proceedings of the 23rd Conference of PME, Haifa, Israel, 1, 111~118.

[65] David Tall. Intuition and rigour : The Role Of Visualization In The Calculus , published In Visualization In Mathematics (Ed. Zimmermann & Cunningham), M. A. A. , Notes No. 19, 105~119 (1991) .

[66] Jeremty Kilpatrick . A History of Research in Mathematics Education. In: Handbook of Research. On Mathematics Teaching And Learning. , 2001

[67] Marilyn Nickson. The Culture of the Mathematics Classroom: an Unknown Quantity? In: Handbook Of Research. On Mathematics Teaching and Learing, 2002

[68] Elizabetb Fennema. Teachers' knowledge and its Impact , Handbook of Research. In: On Mathematics Teaching and Learning, 1998

[69] Nel Noddings . Professionalization and Mathematics. In: Handbook of Research on Mathematics Teaching and Learing, 2000

[70] Alan H Scoenfeld . Learning to Think Mathematically: Problem Solving, Metacognition and Sense Making in Mathematics. In: Handbook of Research on Mathematics Teaching and Learning, 2001.

[71] James J Kaput. Technology and Mathematics Education. Handbook of Research on Mathematics Teaching and Learning, 2002.

[72] Douglas. Methoed Research on Affect in Mathematics Education: A Reconceptualization. Handbook of Research on Mathematics Teaching and Learning, 2002

[73] Robertb Davis. Reflection on Where Mathematics Education now Stands and on Where it May be Going. Handbook of Research on Mathematics Teaching and Learning, 2003

[74] Gail Fitzsimons, Diana Coben and John O' Donoghue. Lifelong Mathematics Education, Second International Handbook of mathematics Education, 2001

[75] Bill Atweh , Phil Clarkson and Benrenido Nebres. Mathematics Education in International and Global Contexts. In: Second International Handbook of mathematics Education, 2002.

[76] Jeanpbaptiste Lagrange, Michele Artigue , Colette Labored and Luc Trouche. Technology and Mathematics Education: a Multidimensional overview of Recent Research and Inno-

vation. In: Second International Handbook of mathematics Education, 2001.

[77] Jill Adler and Steve Lerman. Getting the Description Right and Making it Count. In: Second International Handbook of mathematics Education, 2003

[78] J Oboaler, Deborah Ball and Ruhama Even, Preparing Mathematics Education Researchers for Disciplined Inquiry, Second International Handbook of mathematics Education, 1999

[79] Dina Tirosh And Anna Graeber. Challenging and Changing Mathematics Teaching Classroom Practices. In: Second International Handbook of Mathematics Education, 2002.

[80] Marja Ran, Den Heurel Panhuizen and Jerry Becker. Towards a Didactic Model for Assessment Design in Mathematics Education, Second International Handbook of mathematics Education, 2003.

[81] Orit Zaslavsky, Olive Chapman and Roza Leikin, Professional Development in Mathematics Education: Trends and Tasks, 2001.

[82] Tommy Dreyfus, Advanced Mathematical Thinking Processes. In: Advanced Mathematical Thinking. 1991.

[83] Shlomo Vinner. The Role of Definitions in the Teaching and Learning of Mathematics Advanced Mathematical Thinking, 1991.

[84] Guershon Harel, James kaput. The Role of Conceptual Entities and their Symbols in Building Advanced Mathematical Concepts. Advanced Mathematical Thinking, 1991

[85] Ed Dubinsky. Reflective Abstraction in Advanced Mathematical Thinking. In: Advanced Mathematical Thinking. , 1991.

[86] Aline Robert, Rolph Schwarzenberger. Research in Teaching and Learning Mathematicas at an Advanced Level. In: Advanced Mathematical Thinking. 1991

[87] Bernard Cornu. Limits, advanced mathematical thinking. 1991

[88] Daniel Alibert, Michael Thomas. Research on Mathematical Proof. Advanced Mathematical Thinking, 1991

[89] Ed Dubinsky and David Tall. Advanced Mathematical Thinking and the Computer Advanced Mathematical Thinking, 1991

中文参考文献：

[1] 章栋恩，许晓革：高等数学实验，高等教育出版社，2004。

[2] 顾光辉，吕朝阳：实无限和潜无限视角下的极限概念，数学教育学报，

vol. 13, No. 3, Aug, 2004, 66~67

[3] 单中惠, 杨汉麟: 西方教育学名著提要, 2004 (4), 江西人民出版社。

[4] 杜威: 民主主义与教育, 2001, 人民教育出版社。

[5] 莫里斯·克莱因, 古今数学思想, 第二册, 49页~97页, 2000 (3), 上海科学技术出版社。

[6] 吴庆麟: 认知教学心理学, 上海科学技术出版社, 2000。

[7] 王高峡, 唐瑞芬: 再谈美国的微积分教学改革, 数学教育学报, Vol. 9, No. 4。

[8] 罗新兵: 数形结合的解题研究: 表征的视角, 华东师范大学博士学位论文, 2005。

[9] Raymond A. Barnett 等: 微积分极其在商业, 经济, 生命科学及社会科学中的应用, 高等教育出版社, 2004。

[10] 伊莱 马奥尔著, 王前等译: 无穷之旅—关于无穷大的文化史, 上海教育出版社, 2000。

[11] 韩雪涛: 数学无穷思想的发展历程, 三思科学, 2005。

[12] 韩雪涛: 集合论简介, 三思科学, 2002。

[13] 徐利治: 数学方法论选讲, 华中理工大学出版社, 2000年1月。

[14] 李士锜: PME: 数学教育心理, 华东师范大学出版社, 2000年。

[15] 杨祖陶, 邓晓芒: 康德《纯粹理性批判》, 人民出版社, 2001年12月。

[16] 伽莫夫著, 暴永宁译: 从一到无穷大, 科学出版社, 2002。

[17] 卢梭著, 李平沤译: 爱弥儿, 人民教育出版社, 1985。

[18] 乔治 波利亚: 数学的发现, 科学出版社, 2006。

[19] 弗赖登塔尔, 陈昌平, 唐瑞芬等译: 作为教育任务的数学, 上海教育出版社, 1995。

[20] 克莱因著, 李宏魁译: 数学: 确定性的丧失, 湖南科学技术出版社, 1997。

[21] 鲍建生: 追求卓越, 上海教育出版社, 2003。

[22] 鲍建生, 王洁, 顾泠沅: 聚焦课堂, 上海教育出版社, 2005。

[23] 郑毓信: 数学教育哲学, 四川教育出版社, 2001。

[24] 青浦县数学教改试验小组: 学会教学 - 青浦教改实验过程, 人民教育出版社。

[25] Louis M Friedlwer: 美国的微积分教学: 1940~2004, 高等数学研究, 2006, 1期。

[26] 张远南: 无限中的有限 [M], 上海科学普及出版社, 1996, 4: 88, 13。

[27] 张伟平：文科学生学习微积分前对无限的认识层次分析，数学教育学报，2006，8：15，3。

[28] 张伟平：从诗歌里蕴涵的数学无限谈起，上海教育科研，2006，11。

[29] 张伟平：潜无限和实无限观点下的微积分的"以直代曲"思想探究，大学数学。

[30] 张伟平：基于微积分的无限概念的理解，数学通讯，2006，3：5。

[31] 张伟平：美国微积分教学的"四原则"，高等数学研究，2007，1。

[32] 张伟平：微积分所蕴涵的人文内涵，内蒙古师范大学学报，2006，5。

[33] 张伟平：基于APOS理论的数学概念教学探究，数学通讯，2006，8：15。

附录一

初三学生无限认识量表

姓名_____   学号_____   性别_____

初中生对"无限"认识的问卷量表

各位同学:

您好!很感谢您配合我作这个问卷调查。此调查是想了解您对数学"无限"的认识状况。此次问卷与您的数学成绩无关,请您独立思考,认真填写!博士生张伟平 2006年10月

(一) 朴素认识 (每小题2分,共28分)

辨认下面词语或语句,若是表示或表现"无限"的,请在后面括号中打"T"

1. 石头!剪刀!布!(   )   2. 取之不尽(   )

3. 应有尽有(   )   4. 永恒的(   )

5. 人类智慧(   )   6. 宇宙的(   )

7. 神秘的(   )   8. 超人的(   )

9. 不断延续的(   )   10. 周而复始(   )

11. 挑战生命极限(   )

12. 无边落木萧萧下,不尽长江滚滚来(   )

13. 念天地之悠悠,独怆然而涕下(   )

14. 此恨绵绵无绝期(   )

(二) 初步直觉认识 (每小题2分,共20分)

下面数学语言中,若是你认为和"无限"有关,请在括号中打"T"。

1. 任意大(   )

2. 无理数（　）

3. 非常非常小的数（　）

4. 有理数的小数表示式（　）

5. 射线（　）

6. 平面（　）

7. 圆周上的点（　）

8. 无论多么逼近，却永远不相切也不相交（　）

9. 两直线平行（　）

10. 全体自然数（　）

（三）思辨方式（每小题 5 分，共 40 分）

单项选择题：将你认为正确的答案写在括号里。

1. {1，2，3，0，{1，2，3，……}} 是有限集合还是无限集合？（　）

A 是无限集合，因为元素是无限的　B 是有限集合，只有 5 个元素

C 难以确定，以上两种情况都有可能。

2. 式子 1/2 + 1/4 + 1/8 + ……（　）

A. 趋向于 1　B. 等于 1　C. 难以确定，以上两种情况都有可能。

3. 画出圆的内接正多边形，当正多边形的边数增加到无限时，你认为（　）

A 正多边形的周长小于圆的周长　B 正多边形的周长等于圆的周长

C 难以确定，以上两种情况都有可能

4.

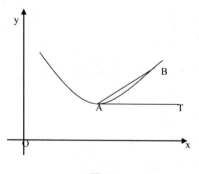

图 1

图 1 中，AB 表示曲线 $y=f(x)$ 的割线，$k=\dfrac{f(x_0+h)-f(x_0)}{h}$ 表示割线的斜率，AT 表示曲线 $y=f(x)$ 在 A 点的切线。当 $h\to 0$ 时，最后会出现什么情况？（　　）

A. AB 无限接近于 AT，但永远不和 AT 重合。

B. AB 越来越接近于 AT，最后与 AT 重合

C. 难以确定，以上两种情况都有可能。

5. 如图 2，表示曲线 $y=f(x)$ 在区间 $[a,b]$ 上的一段，在区间 $[a,b]$ 中任意插入 n 等分点，然后分别经过每一个点作平行于 y 轴的直线段，当 $n\to\infty$ 时，比较矩形 ABCD 和曲边梯形 ABCR 的面积（　　）

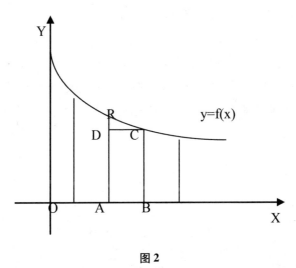

图 2

A. 在这一变化过程中，矩形 ABCD 的面积总是小于曲边梯形 ABCR 的面积。

B. 当 n 趋向于无穷大时，矩形 ABCD 的面积等于曲边梯形 ABCR 的面积

C. 难以确定，以上两种情况都有可能。

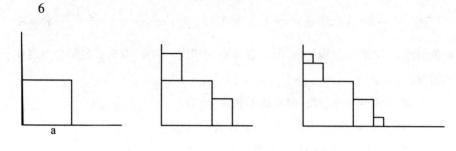

图 3

如图 3 所示，依照图中的方法取上一级阶梯长度的一半，当无限取下去，阶梯的总长是（   ）

A. 无限趋向于 $2a$，但不等于 $2a$

B. 等于 $2a$

C. 难以确定，以上两种情况都有可能。

7. 已知图 4 中，三角形 ABC 中，分别取三条边上的中点组成三角形 $A_1B_1C_1$，同理可得三角形 $A_2B_2C_2$,,，这样无限取下去，你认为最终面积是（   ）

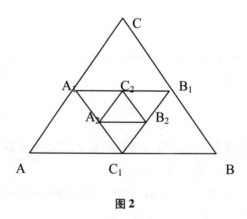

图 2

A. 面积趋向于 0，但不等于 0

B. 面积等于 0

C. 难以确定，以上两种情况都有可能。

8. 数列 3，3.1，3.14，3.141，3.1415，3.14159，……（   ）

A. 小于 π

B. 等于 π

C. 难以确定,以上两种情况都有可能。

(四)超限数理论初步认识(每小题5分,共15分)

1. 根据图5,将 o 点看作光源,投影成线段 AB 和 CD ( )

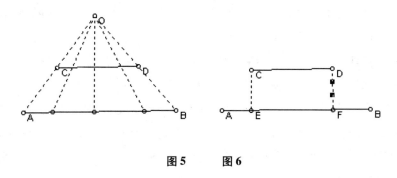

图5　　图6

(A) AB 和 CD 都有无穷个点,因此 AB 点集和 CD 点集的个数一样多。

(B) 图6又表明,CD 是 AB 的一部分,部分怎么会等于整体?因此 AB 点集个数大于 CD 点集的个数。

(C) AB 点集和 CD 点集个数没有可比性。

2. 已知图7中,线段 AB 的长度大于线段 CD 的长度,取 AB 的中点 H_1,相应地取 CD 的中点 H_2,同理,取线段 AH_1 的中点 P_1,相应地取 CH_2 的中点 P_2……无限取下去,即线段 AB 中的点 H_1　P_1　P_3……分别对应于线段 CD 中的点 H_2　P_2　P_4……在无限取点的过程中,你的看法是( )

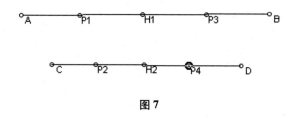

图7

(A) 可能在线段 CD 中找不到相应点和线段 AB 中的相应点对应。

(B) 一定会在线段 CD 中找到相应点和线段 AB 中的相应点对应。

(C) 以上两种情况都有可能出现

3. 古希腊著名的"Zeno 悖论" – Achilles 和乌龟

Achilles 是古希腊的长跑冠军，但古希腊哲学家 Zeno 认为，如果乌龟领先 Achilles 一英尺，Achilles 就永远追不上乌龟。道理如下：如果 Achilles 要想追上乌龟，首先必须到达乌龟原来的地方。可是这时乌龟又已经向前走了一小段（小于一英尺）距离；而 Achilles 在走完这段距离后乌龟接着又向前走了一小段（比前面一小段更小）距离，这样无限走下去，结果 Achilles 越来越接近乌龟但永远也追不上它。

整个推理无懈可击，但结果为什么和现实不一样？这是因为 Zeno 有意将距离和时间进行了无限分割。一方面，乌龟走的距离总是 Achilles 的一小部分（无限分下去）；另一方面，Achilles 和乌龟不管走多么短的距离都是要花时间的，只是时间越来越少，走到最后时间几乎趋于 0，这在理论上是可行的，但在现实生活中，时间没办法趋于零，所以出现了悖论。这就相当于，不给 Achilles 时间，他能追得上乌龟吗？

你对这个故事的理解是：（　　）

（A）完全看懂了，感觉很奇妙，对其中蕴涵的"无限"思想有了进一步认识。

（B）没有看懂，感觉很晦涩。

（C）似懂非懂，好象有道理，但对其中蕴涵的"无限"思想不是很清楚。

附录二

大一新生（高三学生）无限认识量表

姓名_____ 学号_____ 性别_____

大一新生对"无限"认识的问卷量表

各位同学：

您好！很感谢您配合我作这个问卷调查。此调查是想了解您对数学"无限"的认识状况。此次问卷与您的数学成绩无关，请您独立思考，认真填写！博士生张伟平 2006 年 9 月

（一）朴素认识（每小题 2 分，共 28 分）

辨认下面词语或语句，若是表示或表现"无限"的，请在后面括号中打"T"

1. 石头！剪刀！布！（ ）　　2. 取之不尽（ ）

3. 应有尽有（ ）　　　　　　　4. 永恒的（ ）

5. 人类智慧（ ）　　　　　　　6. 宇宙的（ ）

7. 神秘的（ ）　　　　　　　　8. 超人的（ ）

9. 不断延续的（ ）　　　　　　10. 周而复始（ ）

11. 挑战生命极限（ ）

12. 无边落木萧萧下，不尽长江滚滚来（ ）

13. 念天地之悠悠，独怆然而涕下（ ）

14. 此恨绵绵无绝期（ ）

（二）初步直觉认识（每小题 2 分，共 20 分）

下面数学语言中，若是你认为和"无限"有关，请在括号中打个"T"。

1. 任意大（ ）

2. 无理数 $\sqrt{2}$（ ）

3. 非常非常小的数（ ）

4. 有理数 $\frac{1}{3}$ 的小数表示式（ ）

5. 射线（ ）

6. 平面（ ）

7. 圆周上的点（ ）

8. 无论多么逼近，却永远不相切也不相交（ ）

9. 两直线平行（ ）

10. 全体自然数（ ）

（三）高级直觉认识（每小题2分，共20分）

下面数学语言中，若是你认为和"无限"有关，请在括号中打个"T"。

1. 函数（ ）　　　　　　　　2. 单调性（ ）

3. 周期（ ）　　　　　　　　4. 渐近线（ ）

5. 数列（ ）　　　　　　　　6. 数学归纳法（ ）

7. $n!$（ ）　　　　　　　　　8. 奇偶性（ ）

9. 交换律（ ）　　　　　　　10. 数列的前 n 项和（ ）

（四）思辨方式（每小题5分，共40分）

单项选择题：将你认为正确的答案写在括号里。

1. $\{1, 2, 3, 0, \{1, 2, 3, \cdots\}\}$ 是有限集合还是无限集合？（ ）

   A 是无限集合，因为元素是无限的

   B 是有限集合，只有5个元素

   C 难以确定，以上两种情况都有可能。

2. 式子 $1/2 + 1/4 + 1/8 + \cdots\cdots$（ ）

   A. 趋向于1

   B. 等于1

   C. 难以确定，以上两种情况都有可能。

3. 画出圆的内接正多边形，当正多边形的边数增加到无限时，你认为（ ）

A. 正多边形的周长小于圆的周长

B. 正多边形的周长等于圆的周长

C. 难以确定，以上两种情况都有可能

4.

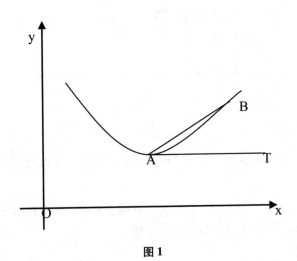

图1

图1中，AB 表示曲线 $y=f(x)$ 的割线，$k=\dfrac{y(x_0+h)-f(x_0)}{h}$ 表示割线的斜率，AT 表示曲线 $y=f(x)$ 在 A 点的切线。当 $h\to 0$ 时，最后会出现什么情况？（ ）

A. AB 无限接近于 AT，但永远不和 AT 重合。

B. AB 越来越接近于 AT，最后与 AT 重合。

C. 难以确定，以上两种情况都有可能。

5. 如图2，表示曲线 $y=f(x)$ 在区间 $[a,b]$ 上的一段，在区间 $[a,b]$ 中任意插入 n 等分点，然后分别经过每一个点作平行于 y 轴的直线段，当 $n\to\infty$ 时，比较矩形 $ABCD$ 和曲边梯形 $ABCR$ 的面积（ ）

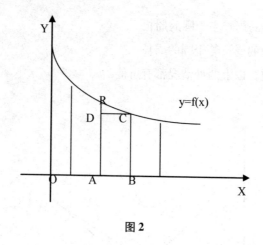

图 2

A. 在这一变化过程中，矩形 ABCD 的面积总是小于曲边梯形 ABCR 的面积

B. 当 n 趋向于无穷大时，矩形 ABCD 的面积等于曲边梯形 ABCR 的面积

C. 难以确定，以上两种情况都有可能。

6.

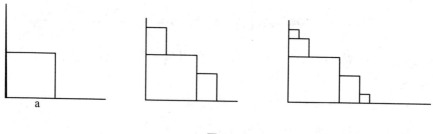

图 3

如图 3 所示，依照图中的方法取上一级阶梯长度的一半，当无限取下去，阶梯的总长是（　）

A. 无限趋向于 2a，但不等于 2a

B. 等于 2a

C. 难以确定，以上两种情况都有可能。

7. 已知图 4 中，三角形 ABC 中，分别取三条边上的中点组成三角形 $A_1B_1C_1$，同理可得三角形 $A_2B_2C_2$，，这样无限取下去，你认为最终面积是（　）

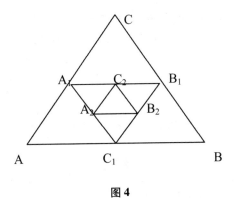

图 4

A. 面积趋向于 0，但不等于 0

B. 面积等于 0

C. 难以确定，以上两种情况都有可能。

8. 数列 3，3.1，3.14，3.141，3.1415，3.14159，… （　　）

A 小于 π　　　B 等于 π　　　C 难以确定，以上两种情况都有可能。

（五）超限数理论初步认识（每小题 5 分，共 15 分）

1. 根据图 5，将 o 点看作光源，投影成线段 AB 和 CD （　　）

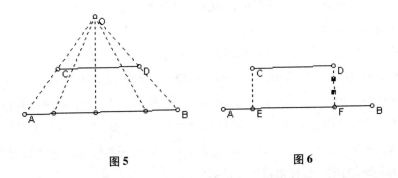

图 5　　　　　　　　　图 6

（A）AB 和 CD 都有无穷个点，因此 AB 点集和 CD 点集的个数一样多。

（B）图 6 又表明，CD 是 AB 的一部分，部分怎么会等于整体？. 因此 AB 点集个数大于 CD 点集的个数。

（C）AB 点集和 CD 点集个数没有可比性。

2. 已知图 7 中，线段 AB 的长度大于线段 CD 的长度，取 AB 的中点 H_1，相应地取 CD 的中点 H_2，同理，取线段 AH_1 的中点 P_1，相应地取 CH_2 的中

点 P_2……无限取下去，即线段 AB 中的点 H_1 P_1 P_3……分别对应于线段 CD 中的点 H_2 P_2 P_4……. 在无限取点的过程中，你的看法是（ ）

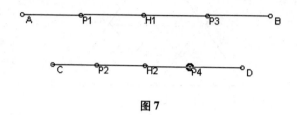

图 7

（A）可能在线段 CD 中找不到相应点和线段 AB 中的相应点对应。

（B）一定会在线段 CD 中找到相应点和线段 AB 中的相应点对应。

（C）以上两种情况都有可能出现

3. 古希腊的著名的"Zeno 悖论"– Achilles 和乌龟

Achilles 是古希腊的长跑冠军，但古希腊哲学家 Zeno 认为，如果乌龟领先 Achilles 一英尺，Achilles 就永远追不上乌龟。道理如下：如果 Achilles 要想追上乌龟，首先必须到达乌龟原来的地方。可是这时乌龟又已经向前走了一小段（小于一英尺）距离；而 Achilles 在走完这段距离后乌龟接着又向前走了一小段（比前面一小段更小）距离，这样无限走下去，结果 Achilles 越来越接近乌龟但永远也追不上它。

整个推理无懈可击，但结果为什么和现实不一样？这是因为 Zeno 有意将距离和时间进行了无限分割。一方面，乌龟走的距离总是 Achilles 的一小部分（无限分下去）；另一方面，Achilles 和乌龟不管走多么短的距离都是要花时间的，只是时间越来越少，走到最后时间几乎趋于 0，这在理论上是可行的，但在现实生活中，时间没办法趋于零，所以出现了悖论。这就相当于，不给 Achilles 时间，他能追得上乌龟吗？

你对这个故事的理解是：（ ）

（A）完全看懂了，感觉很奇妙，对其中蕴涵的"无限"思想有了进一步认识。

（B）没有看懂，感觉很晦涩。

（C）似懂非懂，好象有道理，但对其中蕴涵的"无限"思想不是很清楚。

附录三

大二学生无限认识量表

姓名_____ 学号_____ 性别_____

大学二年级学生关于"无限"的问卷测试

各位同学：

您好！很感谢您配合我作这个问卷调查。此调查是想了解您对数学"无限"的认识状况。此次问卷与您的数学成绩无关，请您独立思考，认真填写！博士生张伟平 2006 年 9 月

（一）朴素认识（每小题 2 分，共 28 分）

辨认下面词语或语句，若是表示或表现"无限"的，请在后面括号中打"T"

1. 石头！剪刀！布！（   ）　　2. 取之不尽（   ）

3. 应有尽有（   ）　　　　　　4. 永恒的（   ）

5. 人类智慧（   ）　　　　　　6. 宇宙的（   ）

7. 神秘的（   ）　　　　　　　8. 超人的（   ）

9. 不断延续的（   ）　　　　　10. 周而复始（   ）

11. 挑战生命极限（   ）

12. 无边落木萧萧下，不尽长江滚滚来（   ）

13. 念天地之悠悠，独怆然而涕下（   ）

14. 此恨绵绵无绝期（   ）

（二）初步直觉认识（每小题 2 分，共 20 分）

下面数学语言中，若是你认为和"无限"有关，请在括号中打"T"。

1. 任意大（　　）

2. 无理数 $\sqrt{2}$（　　）

3. 非常非常小的数（　　）

4. 有理数 $\frac{1}{3}$ 的小数表示式（　　）

5. 射线（　　）

6. 平面（　　）

7. 圆周上的点（　　）

8. 无论多么逼近，却永远不相切也不相交（　　）

9. 两直线平行（　　）

10. 全体自然数（　　）

（三）高级直觉认识（每小题2分，共20分）

下面数学语言中，若是你认为和"无限"有关，请在括号中打个"T"。（每小题2分，共20分）

1. 函数（　　）　　　　2. 单调性（　　）

3. 周期（　　）　　　　4. 渐近线（　　）

5. 数列（　　）　　　　6. 数学归纳法（　　）

7. n!（　　）　　　　　8. 奇偶性（　　）

9. 交换律（　　）　　　10. 数列的前n项和（　　）

（四）思辩方式

单项选择题：将你认为正确的答案写在括号里。（每小题5分，共40分）

1. $\{1, 2, 3, 0, \{1, 2, 3, \cdots\cdots\}\}$ 是有限集合还是无限集合？（　　）

A. 是无限集合，因为元素是无限的

B. 是有限集合，只有5个元素

C. 难以确定，以上两种情况都有可能。

2. 式子 $1/2 + 1/4 + 1/8 + \cdots\cdots$（　　）

A. 趋向于1　　B. 等于1　　C. 难以确定，以上两种情况都有可能。

3. 画出圆的内接正多边形，当正多边形的边数增加到无限时，你认为（　　）

A. 正多边形的周长小于圆的周长
B. 正多边形的周长等于圆的周长
C. 难以确定,以上两种情况都有可能

4.

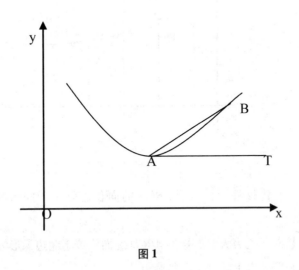

图 1

图 1 中,AB 表示曲线 $y=f(x)$ 的割线,$k=\dfrac{f(x_0+h)-f(x_0)}{h}$ 表示割线的斜率,AT 表示曲线 $y=f(x)$ 在 A 点的切线。当 $h\to 0$ 时,最后会出现什么情况?( )

A. AB 无限接近于 AT,但永远不和 AT 重合。

B. AB 越来越接近于 AT,最后与 AT 重合

C. 难以确定,以上两种情况都有可能。

5. 如图 2,表示曲线 $y=f(x)$ 在区间 $[a,b]$ 上的一段,在区间 $[a,b]$ 中任意插入 n 等分点,然后分别经过每一个点作平行于 y 轴的直线段,当 n 时,比较矩形 ABCD 和曲边梯形 ABCR 的面积( )

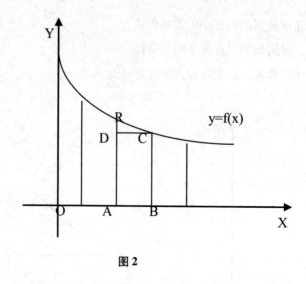

图 2

A. 在这一变化过程中，矩形 ABCD 的面积总是小于曲边梯形 ABCR 的面积。

B. 当 n 趋向于无穷大时，矩形 ABCD 的面积等于曲边梯形 ABCR 的面积

C. 难以确定，以上两种情况都有可能。

6.

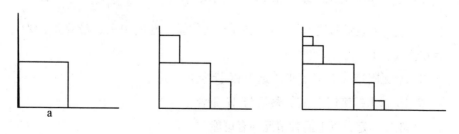

图 3

如图 3 所示，依照图中的方法取上一级阶梯长度的一半，当无限取下去，阶梯的总长是（ ）

A. 无限趋向于 $2a$，但不等于 $2a$

B. 等于 $2a$

C. 难以确定，以上两种情况都有可能。

7. 已知图 4 中，三角形 ABC 中，分别取三条边上的中点组成三角形

$A_1B_1C_1$，同理可得三角形 $A_2B_2C_2$，，这样无限取下去，你认为最终面积是（ ）

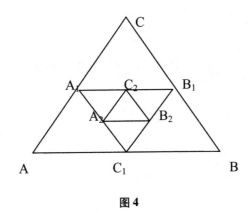

图 4

A. 面积趋向于 0，但不等于 0

B. 面积等于 0

C. 难以确定，以上两种情况都有可能。

8. 数列 3，3.1，3.14，3.141，3.1415，3.14159，…（ ）

A. 小于 π B. 等于 π C. 难以确定，以上两种情况都有可能。

（五）演绎层次认识（每小题 5 分，共 40 分）

（说明：1、2 题隶属无穷小分析层次，3-8 题隶属严密系统层次）

1. 在您看来什么是极限？请用自己的语言叙述极限的定义

（评分说明：说出了极限的"无限逼近""无限趋近"等动态语言的得分为 5 分。）

2. 从极限的角度讲，什么是瞬时速度？什么是切线？曲边梯形的面积？

（评分说明：说出了瞬时速度是平均速度的无限逼近、切线是割线的无限逼近、曲边梯形是小矩形的面积和的无限逼近得 5 分，只说出了两个得 3 分，说出了 1 个得 2 分）

3. 为什么要用语言来 $\varepsilon-\delta$ 定义极限，请说出您的理由。

4. 写出函数 $y=f(x)$ 在 x_0 点可导的 $\varepsilon-\delta$ 定义。

5. 写出 $\lim\limits_{x \to x_0} f(x)$ 不存在的 $\varepsilon-\delta$ 定义

6. 写出函数 $y=f(x)$ 在区间 $[a,b]$ 上的可积的 $\varepsilon-\delta$ 定义

7. 写出函数 $f(x)$ 在区间 I 上一致连续的 $\varepsilon-\delta$ 定义

8. 写出函数列一致收敛的 $\varepsilon-\delta$ 定义

（六）超限数初步认识（每小题 5 分，共 15 分）

1. 根据图 5，将 o 点看作光源，投影成线段 AB 和 CD（　　）

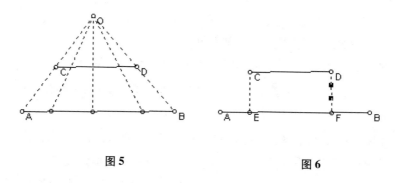

图 5　　　　　　　　　图 6

（A）AB 和 CD 都有无穷个点，因此 AB 点集和 CD 点集的个数一样多。

（B）图 6 又表明，CD 是 AB 的一部分，部分怎么会等于整体？．因此 AB 点集个数大于 CD 点集的个数。

（C）AB 点集和 CD 点集个数没有可比性。

2. 已知图 7 中，线段 AB 的长度大于线段 CD 的长度，取 AB 的中点 H_1，相应地取 CD 的中点 H_2，同理，取线段 AH_1 的中点 P_1，相应地取 CH_2 的中点 P_2……无限取下去，即线段 AB 中的点 H_1　P_1　P_3……分别对应于线段 CD 中的点 H_2　P_2　P_4……在无限取点的过程中，你的看法是（　　）

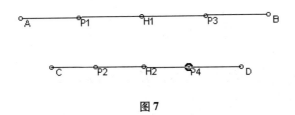

图7

（A）可能在线段 CD 中找不到相应点和线段 AB 中的相应点对应。

（B）一定会在线段 CD 中找到相应点和线段 AB 中的相应点对应。

（C）以上两种情况都有可能出现

3. 古希腊的著名的"Zeno 悖论"－Achilles 和乌龟

Achilles 是古希腊的长跑冠军，但古希腊哲学家 Zeno 认为，如果乌龟领先 *Achilles* 一英尺，*Achilles* 就永远追不上乌龟。道理如下：如果 *Achilles* 要想追上乌龟，首先必须到达乌龟原来的地方。可是这时乌龟又已经向前走了一小段（小于一英尺）距离；而 *Achilles* 在走完这段距离后乌龟接着又向前走了一小段（比前面一小段更小）距离，这样无限走下去，结果 *Achilles* 越来越接近乌龟但永远也追不上它。

整个推理无懈可击，但结果为什么和现实不一样？这是因为 Zeno 有意将距离和时间进行了无限分割。一方面，乌龟走的距离总是 Achilles 的一小部分（无限分下去）；另一方面，*Achilles* 和乌龟不管走多么短的距离都是要花时间的，只是时间越来越少，走到最后时间几乎趋于 0，这在理论上是可行的，但在现实生活中，时间没办法趋于零，所以出现了悖论。这就相当于，不给 *Achilles* 时间，他能追得上乌龟吗？

你对这个故事的理解是：（　）

（A）完全看懂了，感觉很奇妙，对其中蕴涵的"无限"思想有了进一步认识。

（B）没有看懂，感觉很晦涩。

（C）似懂非懂，好象有道理，但对其中蕴涵的"无限"思想不是很清楚。

附录四

实数与实数集合中无限的魅力

（1）数学史简介：无理数的发现

毕达哥拉斯是古希腊杰出的数学家，他创立了毕达哥拉斯学派，勾股定理是他发明的。西方称之为毕达哥拉斯定理。据说为了庆贺之，他宰杀了19头牛。他认为"万物皆数"且是有理式。可以表示成$\frac{n}{m}$，叫可公度比。他的门徒希巴斯却通过勾股定理发现边长为1的正方形的对角线是不可公度比的，是"另类数"。毕达哥拉斯非常害怕。迫于压力，希巴斯乘船逃跑，终究葬身海底，为真理而献身。

（2）$\sqrt{2}$是无理数。

神秘的无理数到底是怎样的数？我们都知道定义（学生答）但从代数上你能感知吗？

1.4141……可以表示成一个无穷数列：1.4，1.41，1.414，1.4142……
我们可以从几何直观上认识，

从长度上可以度量。

但我们仍然无法穷尽无理数或确切感知。那么我们该如何证明——反证法证明：假设$\sqrt{2}$不是无理数，则$\sqrt{2}$是有理数。

设 $\sqrt{2} = \dfrac{n}{m}$ （n，m 互素）

两边平方，$2 = \dfrac{n^2}{m^2}$，则 $n^2 = 2m^2$ *

n^2 是偶数，因为奇数的平方只能是奇数

∴ n 是偶数。令 $n = 2p$

代入 * 式得，

$m^2 = 2p^2$，同理，m 也是偶数

这与 m，n 互素矛盾。

∴ 原假设不成立

∴ $\sqrt{2}$ 是无理数。

方法小结：因为无限是人们无法直接感知的，所以只能用反证法。

(3) 有理数集是"可数的"，实数集是"不可数的"

我们知道无限集

$$\{1, 2, \ldots n \ldots\}$$
$$\updownarrow \quad \updownarrow \quad \updownarrow$$
$$\{2, 4, \ldots\ldots 2n \ldots\}$$

两个集合元素相同。可以用集合元素个数"相同"或"不相同"来研究无限集合。

· 无限集的元素虽有无限多个，但他们之间仍有"多"和"少"之分。其比较方法是一一对应。

· 有理数集 R 与自然数集 I 一一对应。

证明：显然 $R \geq I$，下证 $R \leq I$

设集合 P 为：

$$\begin{array}{ccccc} \dfrac{1}{1} & \dfrac{2}{1} & \dfrac{3}{1} & \cdots & \cdots \\ \dfrac{1}{2} & \dfrac{2}{2} & \dfrac{3}{2} & \cdots & \dfrac{n}{2} & \cdots \\ \dfrac{1}{3} & \dfrac{2}{3} & \dfrac{3}{3} & \cdots & \dfrac{n}{3} & \cdots \\ \cdots\cdots \end{array}$$

按上图所示的方法，集合 P 与自然数集合 I ——对应，所以 $P = I$

显然 $R \leq P$

故 $R \leq I$

∴ $R = I$

· 实数集与自然数集不能——对应

实数和数轴上的点——对应，如果将每一个实数都在数轴上标出来，将是"稠密的"。试想一下，有理数也是无穷的，表示在数轴上，肯定有"缝隙"。

（4） π 和 $\sqrt{2}$ 一样是无理数

我国魏晋时代的大数学家刘徽用割圆术算出圆周率，用多边形逼近圆，割之弥细，割之又割，以致不可割也。用无限分割的思想来算 π，因为 π 也是无理数。

后 记

掩卷沉思，我不禁感慨万千！这字里行间，凝聚着多少人的关怀、帮助和支持啊！

首先要把我最诚挚的感谢给予我的两位恩师王建磐教授和顾泠沅教授。王老师的严谨作风深深感染着我，他的谆谆教诲语重心长，他的智者风范为我树立了楷模！顾老师深刻的洞察力、科学的治学态度对我的治学将有深远的影响；他对我的论文的悉心指导、宽厚平易的态度让我一辈子铭记在心！

诚挚地感谢张奠宙先生！先生不顾年事已高，给我的研究提出宝贵的意见和建议。先生的笔耕不辍，让晚辈唏嘘不已。感谢徐斌艳老师，在科研、教学、管理的万忙之中，对我的论文修改提出中肯的建议！感谢李士锜老师，在百忙中不厌其烦地批阅我的文章，对此书写作、框架构思给予了无私帮助。深切地感谢李老师对我的实证研究给予的大力支持，帮我联系学校，给此书的写作以极大的便利！

特别致谢配合我作实证研究的三个单位的老师：上海市曹杨二中附属中学的陈校长、经老师、田老师，华东师范大学数学系的柴俊老师、毕平老师、李文侠教授，上海交通大学数学系的王维克主任，他们一次又一次地配合我作问卷调查，找学生访谈，没有他们的关心和帮助，我无法完成我的前后历经1年的浩繁的实证工作！还有参与我的实证访谈的二十多位学生，他们牺牲了自己的宝贵时间，积极主动地参与我的实证工作！

感谢李俊老师、汪小勤老师、陈月兰老师！他们或是对我的研究提出建议，或是在写作过程中不断给予我鼓励！感谢系里的黄老师，资料室的辛勤工作的老师们！感谢我的同届师弟、师妹，低届的师弟、师妹们，他们不断地关心我的论文写作进展，给予我热情和友好的帮助！

　　最后，我要感谢我的远在家乡的父母和姐弟，他们给我精神上的鼓励，使我不断地进取！我还要感谢上苍赐给我的聪明能干的女儿，她的健康茁壮成长是我莫大的安慰和无言的支持！

　　我怀着感恩之心，感谢所有帮助过我的人！